你為什麼需要清道？

春花媽
動物溝通
全書

春花媽 著

動物需要你
了解的
不只是愛

作者序
春花媽聊聊

以前我覺得人如果不會傷害動物就是萬幸了，這個僥倖的想法其實飽含了我的批評。我真是個傲慢的個體。（呼～）好險這幾年，動物教會我很多彈性。

這些日子以來，我對於動物跟人的想法是：「**我要創造更多『選擇』，讓人有機會選擇動物。透過了解動物，我們有機會讓關係變得不一樣。**」選擇對我來說，也意味著可以不選擇。但是沒有關係就代表鮮有打擾的機會，相對地，也不會容易產生衝突，傷害降低了，我所擔心的事情也會變少。

選擇的另一個層次，是喚起大家對動物的好感。雖然多數人已經不去動物園了，但是萌貓憨狗不斷席捲我們的生活，所以現代人喜歡動物的方式變得更為親密也更有佔有慾。為此，人會在意特定動物多一些；延伸到野生動物或非家養動物的關係，也因為經常看動物、有機會關注到其他動物，友善的心意或是不打擾的心情比較容易發生。

最後就是我想努力的方向：「**成為站在跟動物同一邊的人。**」

對我來說這就是動物溝通之於我的意義。

動物溝通可以透過不直接的接觸而理解動物。
當我們有機會接收到對方的訊息，我們就更有機會去了解他

們的處境、感受動物對我們的情感；在我這幾年的溝通的生活裡，我深深感受到被動物所支持。

溝通，不管是哪一個形式，永遠都不是容易的。

不管是對人或是對動物，我們永遠都要理解差異、面對期待的落差。距離才是形塑溝通的動力，但也永遠是讓人跟動物受挫的過程。我這本書，想要陪伴大家面對這個挫折，從我們能做、會做的開始練習溝通。跟我們一起在家的動物，雖然也有自己的個性，但也是能理解我們的，是一個好的開始。而當你領受動物對你的深情後，近一步往野生動物靠近，去感受身處同一個地球，他們卻用比我們人類爽朗太多的方式活著，很多彈性的空間、被寵愛的感受再發生，可能你會覺得，當人也還是可以的事情吧～
我深深被動物寵愛著。因此，這是我能為動物做的事情：寫一本書，讓人有機會走向動物，成為站在他們身邊的人，有距離的並肩而行。

本書獻給人與春花哥，在我學習與動物溝通的路上，你們都是嚴格的導師：）願你們的付出都成為未來開拓溝通的路。

目次 Contents

第 II 章　具體溝通步驟

第 III 章　完成動物溝通之後

初看〈動物溝通者基本守則〉

在正式踏入動物溝通的旅程之前，請你先好好閱讀這份「動物溝通者基本守則」，理解這些文字的意義，將現在不懂的先記錄下來。當你讀完這本書，或是經歷過多場動物溝通後，請再想想春花為什麼會這樣說呢？

〈動物溝通者基本守則〉由春花跟春花媽共同編排：

1. 我們共享宇宙地球，於此之中所有的「存有」，都是我們關心的對象。

2. 對所有的動物夥伴一視同仁，懷抱著愛，就算一輩子都不會見到彼此，就算一輩子無法習慣或害怕對方，也尊重他的存在。

3. 動物溝通者的存在，是幫人類了解動物和嘗試改善相處的困境，而不是「讓動物變成人想要的樣子」。

4. 當我開始「感知動物」的時候，我會更有意識地「覺知」對方的需求與感受。

5. 春花媽認為，動物溝通者是以動物的感覺為主，努力向人類夥伴傳遞動物的需求，並協商出共同生活的標準。

6. 在溝通中，我不把我視為問題的地方，當成衡量別人的標準，因為「你的標準，不一定是對方家庭幸福的依據」。

7. 誠實面對自己在溝通中的情緒，是因我還是因為他人而起，記錄下自己的起心動念，謝謝動物讓你體驗此刻的感受與情緒。

8. 溝通的目的是創造和諧的可能，「不是」以解決問題為主。

9. 拒絕任何形式的暴力加諸於動物身上。

10. 在進行溝通的時候，全力以赴；當個案結束，「祝福圓滿後，全然放手」。

11. 會加深傷痛的事情，不一定是需要被說明的訊息。

12. 個人隱私不該被具名討論。保障對方的權利，也是保障自己的權利，這是溝通者最基本的道德標準。

13. 醫療相關問題要請醫生確認，動物溝通無法取代醫生。

14. 在溝通中面對不自信的時刻，請「練習」相信自己與動物。

15. 溝通不是為了說服人類夥伴，而是傳遞動物所想要表達的心意。

16. 愛是一種需要落實到生活的行動，才可以被感覺。所以該讀書，該學習，該校準觀念，不要以為感知到就可以任意行動！

17. 「請」持續探索世界上所有動物與植物的想法。

18. 當你成為一個溝通者之後，請你理解：不管是對人或是其他的動物或是你自己，都需要更「溫柔」的相待。提供更多「體貼」可以從自己做起，尊重一定會被傳遞出去的。

19. 謝謝自己用自己的節奏完成溝通，傳遞出動物想要的。

20. 謝謝動物選擇你，成就這次的溝通。

※ 每次溝通完，花一點時間為自己靜心，恢復安然狀態。
※ 溝通者「僅僅是」一個中空的管道。

Prologue
動物溝通是什麼？

翻開這本書的你，對於「動物溝通」有怎樣的想像呢？

是直接跟動物講話？還是聽到動物說話呢？

對你來說，與動物溝通是一種趨於童話的傳說，還是一件你夢想的事情？或是一種滑稽的笑話呢？

又或者，你的生命中，有想跟其他人溝通的時候嗎？

或是說你有沒有想過，要如何跟自己完全不同的個體溝通呢？

你

是

一個需要溝通的人嗎？

一、動物溝通是什麼？

這是一本跟動物溝通有關的書，所以我也從自己的定義，為您介紹「什麼是動物溝通」。

動物溝通是一種透過練習靜心的方式，讓自己的心恢復到真空通道的品質，讓動物的訊息可以流暢通過溝通者這個載體的過程，而在這之中，不包含溝通者主觀的意見。

與動物溝通其實是一種本能。在我們小時候，我們能很自然地與世界對話，想說就說，無所不能地傳遞訊息；所以～我們來一起回想起孩提時，對我們來說，可以對話的「對象」難道有區別嗎？面對動物跟面對家人們，我們不是一樣侃侃而談？差別只在其他人是否聽得到，或是否聽得懂，不是嗎？小時候跟著我們走的動物，是巧合還是聽懂我們說的話？你現在回想起來是哪一種呢？你還記得跟動物在一起的時候，自己傳遞出怎樣的訊息嗎？那時候會做的事情，長大後的我們是真的都忘光光了嗎？還是我們選擇拉開距離，讓動物的訊息遠離我們呢？

對我來說，動物溝通是人類的本能，我們本來就可以跟動物溝通，只是隨著生存、學會講人話，跟人溝通變成我們有效生存的方式。好好講人話，可以讓大家開心、可以讓自己溫飽，生物的本能會讓我們選擇往人的語言體系靠攏，但不代表我們不能跟動物溝通。所以，與其說「學會」動物溝通，不如說是「恢復」動物溝通的能力。

動物溝通是我們的本能之一。多數時候是因為我們疏於練習，

並且在成長的過程中，我們選擇更多與自己無關的事情，或是說我們忽視了溝通的需求，所以讓可以純真溝通的空間，填充很多了不需要，卻習慣擁有的東西，也模糊了我們對於溝通的理解。

而動物的出現，就是提醒我們有純真溝通的慾望，也回應著我們心中需要好好被體貼理解的話語。動物溝通是一種從心接收，好好說話的方式。

二、為什麼需要溝通？「溝」什麼？

你有想過自己為什麼需要溝通嗎？
或者說，為什麼我們需要恢復「動物溝通」的能力呢？

溝通對我來說是一個創建管道的過程，所以「溝」就是確認彼此的定位與距離，然後再疏「通」管道。這包含幾個需要釐清的步驟。

首先是「溝」一定要做的準備：
- 確定溝通的對象
- 準備好溝通的目的
而「通」要釐清的事：

- 釐清彼此的差距
- 以排除問題為要，而非再製造問題

1. 確定溝通的對象

所以我們再進一步談談，關於「溝」的「確定溝通的對象」。

你現在腦中想到的是動物嗎？

不是唷～我們首要溝通的對象是「自己」（笑）。

不論你想跟誰溝通，你都需要先跟自己溝通，因為你需要先
釐清**「你為什麼需要溝通」**。

溝通對你而言，是一種對話的可能，還是宣達命令？

以下哪一種需求，是引發你產生「溝通的對話」的原因呢？

- 需要跟不同的對象溝通，協商出適合跟你相處的方式
- 需要透過溝通，跟自己完全不同思維的對象釐清自我定位
- 純粹是在練習溝通與傳遞訊息而已

當然也可能有其他的原因，但是以上三點就包含很重要的內
涵：「我知道我是誰，我想說什麼，以及說給誰聽。」

但如果你是另一種路線，想透過溝通來「宣達命令」：

- 我的生活有明確的需求，需要對方的配合
- 我想先用明白的規範來定義關係，讓我覺得安全

● 命令是我建構關係的習慣

如果是基於以上的想法，那建議你在溝通之前就要先具體說明自己的需求，當然你也必須接受「對方拒絕你的命令」。

因為你的命令可能不是他的需要。

所以，你釐清自己為什麼想說話了嗎？

想說什麼話？

想對誰說？

為什麼需要說出來被聽見、被理解、被執行呢？

如果不是需要被理解、被看見並執行的事情，它可以是一個念頭就好，穿越我們的腦袋，滑過我們的時間，就是一個空的訊息。但如果是真的需要被說出來，是我們心裡的需求，是我們希望被好好對待的訊息，**那請你當第一個正視自己溝通需求的人，這樣，當我們啟動與動物的對話時，你會更容易理解「不分彼此」是什麼意思。**

2. 準備好溝通的目的

溝通的目的是為了創造雙贏的可能，

也就是說，失敗可以比成功先發生。

這適用在所有的溝通，而我們先針對動物溝通來仔細談談目的，思考如何建立會比較容易創造雙贏的可能。

如果你記住上一節的內容，這節我們要談論的是「目的」，也就是說，我們需要先釐清如何建立「明確成果的步驟」，然後在過程中再度釐清彼此的需求。

在動物溝通之中，我會建議目標的建立方式為：

- **釐清問題**：是人的問題，或是相處的問題，還是共享空間的問題？

- **思考解決步驟**：可以具體執行的改善方式，如何在動物與人雙方都適用？

- **接受差異的結果**：成果不如預期是方法有問題，還是嘗試的時間太少？或是目標設定太偏向特定一方，難以達成？

也就是說，每一個被你視為「問題」或是「差異」而需要溝通的事情，都是一個需要花時間處理的專案，而你就是這個溝通專案最重要的執行經理。在這個過程中，你要拿出專業的態度來面對，而不只是一個感性的家長，或是旁觀而無關的動物溝通者而已。

同時，我們要有「溝通不如預期，目的成效不彰」的心理準備，才可以好好練習溝通。越是有所差異，越可以讓我們理解：溝通是照妖鏡，讓我們看見自己生活的舒適圈，也是一種我們加在自己與他者之間的護城河。繼續這樣的話～我們會把愛我們的動物也排擠在外唷，而這是你想要的生活品質嗎？

如果不是，今天溝通沒成功，其實很正常，因為你也才開始練習好好說話，動物也是啊。我們再多嘗試幾次吧？

換句話說，想想小時候爸媽苦口婆心跟你嘮叨的東西，為什麼總是在說一模一樣重覆八萬次的事情，那麼今天的溝通練習不過就是換位思考，或是說以前我們造孽，現在來還債了！哈哈哈哈哈哈～（我也在還，同甘共苦喔～）

如果你一直卡在重覆的問題，我建議你思考一下：

- 現在執行的目的是真的適合我或我們的嗎？
- 卡關的地方是動物真的可以執行的嗎？
- 單一目標是否太打擊我的信心？會不會影響之前的成果？

「卡住」有時候也一種是很好的休息，因為人跟動物都還活著，不用擔心沒有機會溝通，我們不會錯過彼此。**但不要讓現在溝通的不良成為一種過錯，我們只是都還不習慣，所以找不到適合彼此的方法而已。**

三、為什麼需要溝通？「通」什麼？

再幫大家複習一下，溝通的「通」是指溝完後的「疏通管道」，所以這個步驟專注在過程中的細節釐清，是必要的過程。請

對自己耐煩，然後提取多一點溫柔，不要被時間綁架唷～

1. 釐清彼此的差距

在動物溝通之中，要釐清的差距非常多，以下先舉例給大家
參考：

- 生長背景的巨大差異
- 人與動物文明的差異
- 教化他的前輩，不是你求學遇到的老師
- 他的身高跟你有明顯的差異
- 你可以花錢找樂子，他的快樂沒有用金錢就能換到的選項
- 你的自由跟他想要的自由可能不相關

大家會不會突然覺得，春花媽現在是在鬧膩？講的都是廢話！
但是就我個人經驗，這些廢話都是在溝通中，經常被大家理
所當然忽略的事情，而使得溝通發生距離，形成問題。

現在有很多動物溝通者，會與大眾分享溝通的過程。以我自
己的經驗，溝通要講得很順，絕大多數是溝通對象的動物屬
害，不是動物溝通者屬害。所以，當我們用記錄的方式傳遞
過程，我們可能省略了等待、講不通，還有動物火大的時間，
但這些都是可能會發生的喔。

因為多數的動物溝通都是動物的第一次，**先不說明明不認識**

你，開始就要大聊特聊與爸媽的衝突跟自己的好惡，這不是透過簡單的自我介紹，彼此就會理所當然接受對方的疑問。所以更有意識的釐清與溝通者的距離，是非常基本而必要的第一步。

對我來說，很多人在溝通的時候，並沒有考慮到動物跟我們生長的方式完全不同：包含父母和兄弟姐妹數量、與家人相處的時間、是否曾擁有自己的空間、餵食的方式、是否擁有過自己的東西……等等，每一件事情都會確實地拉開我們與動物的距離。但是你知道嗎？人們往往會誤以為動物都能懂，**但是動物懂的，跟我們明白的，是不一樣的。**

舉例來說：即便出生在正規繁殖單位的動物，他們也不是一直都有機會跟自己的動物媽媽相處，可能過了一定的時間，就需要與跟自己非同胎的同伴相處，動物很早就進入了競爭模式；或是考慮到寵物業者希望在動物最可愛的時候售出，但動物當時可能尚未建立好安全感或家庭成員的概念，就要學著跟人類相處，更遑論因為空間改變所帶來的陌生壓力，對一個動物孩子來說，是多麼大的改變。

換一個角度來看，如果是一位浪浪呢？上述壓力都還要更大，但是因為浪浪已經更早就建立起自己的生活模式，有一套對應世界的方式，可能與一般幼兒相比抗性更強、更大，與當

初你在收容所，或是在街上看到的感覺不一樣。

所以，你真的能意識到，我們跟動物的相遇，都是從釐清差異開啟的嗎？

動物真的跟我們不一樣。

動物真的跟我們不一樣。

動物真的跟我們不一樣。

我一直覺得，人類是一種溫柔但又矛盾的存在，因為我們是非常少數願意跟「異形」相處、相愛的動物，這很違反自然的邏輯。但是人真的會愛上動物，然後愛的極致也很多，所以衝突也多。

先將場景帶回家中。我們先想像自己在家裡跟動物在一起，然後我們啟動幻想力，把家中的場景戶外化！

所以，我們現在一起在野外。我們是先來到這個空間的動物，又是比較大的動物，所以確實是要依照強弱來建立空間的規範，後來才加入的動物必須聽我們的話，很正常齁！畢竟是我們花錢養的，所以用我的規範才是對的！但，這樣真的是對的嗎？

如果在野外，他不快樂大可以離開，但是在我們的空間裡，他不快樂時，卻無力讓自己逃脫去創造新的可能。為此，決

定要一起生活的我們，其實要更負責任地去思考和諧的可能，而不是把一個小動物當作小東西來看待。他們是我們的動物伴侶，值得我們用看待另一個「人」的目光，好好抬高他的高度，而不是用他的身高矮化他，也不應該單純用對待幼兒的方式，期待他活成你希望的樣子。

在具體生活方面，雖然多數家養動物跟我們同樣是恆溫動物或是哺乳類，但是現在有更多的特殊寵物也進入人類家庭囉，所以你在跟動物伴侶一起生活前，做了多少功課？

● 你知道怎麼吃，他才不會死嗎？

（沒在開玩笑，很多人類用品會使動物中毒。）

● 你知道怎樣的空間，才會讓他願意放心睡覺嗎？

（沒在鬧，有動物會嚇到不吃不喝不拉不睡的狂叫。）

● 你知道怎樣去培養共同作息，你們的相處才會有品質嗎？

（貓咪有沒有可能變成日貓子，而不是夜貓子呢？）

● 你知道很多動物，光是跟你過生活就已經社恐了，不需要更多同伴嗎？

（你可能是了不起的社牛，但是多一位動物家人，也可能製造更多煩惱。）

● 你知道……

我還可以寫出很多「你知道……」，但是你知道嗎？

以上每一件事情都只想要告訴你：**我們正在面對一個新家人進入我們的家庭！**

所以我們必須正式而慎重地從心態、空間到物件，都加以具體的改變，而**你願意被動物改變你的生活了嗎？我親愛的動物溝通者們，你願意用另一種更開放方式與動物相愛了嗎？**

距離是一種釐清關係的方式，不是一種用來衡量愛的工具，所以能夠發現問題，或是看見差異，都一再地表示我們正在更開放地接受世界給我們的愛，儘管孤獨依舊是我們可以選擇的。

2. 以排除問題為要，而非再製造問題

延續上一節說的差距，當我們可以釐清「差距不是問題」的時候，我們就不會成為自己的問題製造者！這是什麼意思呢？

有些事情臣妾跟動物都做不到，像是「愛你超過愛我自己」──不管是人或是動物都做不到，也不應該如此，因為那違背本能！

如果你真的理解「違背本能」這句話，那你就不會幫自己製造多餘的問題。什麼意思呢？動物可以為了食物而學會握手，但那是因為本性可以因時制宜的關係；但對於食物的需求是難以節制的，因為那是本能！

還有，貓會想要抓各種東西，只是那個東西在你眼中是家具。

狗狗習慣抬腳尿尿，而你只看到牆壁剝落的痕跡！

動物多數都有爭奪地盤的本能，所以家和萬事興是人類文明的痕跡，不是他們的教養。「**動物本能**」是一種不容易妥協的生存本能，所以如果你希望溝通的問題是違反本能的，那你就是在創造重覆挫折的可能，也是某種程度上的「拒絕溝通」。身為人這種動物，千萬不要把「個性」誤解為「本能」。

本能是動物最根本的防衛機制之一，是讓自己可以活下去的方法，所以基本上會落在「食物的需求」跟「空間的安全性」兩方面。

換句話說，所有跟食物有關的溝通，都要考慮動物以往的進食習慣是如何養成的。就算是基於健康考量，如果不涉及立即的危險，都不應該在轉換的時候，進行差異性大的改變。

空間轉換也是相同的概念。與其用我們認為動物會幸福的方式來重新規劃，不如沿用舊模式，先建立起動物的安全感，再進一步去討論動物所需要的。如果沒有先滿足動物安全的基本需求，儘管任何事情都是在希望對方幸福的前提下，那樣的幸福仍然只是你單方面表達的善意，不是動物可以懂得的安全感。

要求動物為自己改變的時候，你也要先問自己，你願意改嗎？溝通是協助我們釐清本能的規格，而非把對方變成我想要的樣子。

動物膽小可能是因為過去受創的經驗，但也極可能是因為他的安全感沒有被滿足。這時候與其跟他說加油，或是想用愛感化他，不如先讓他用自己的方式去適應現在的環境。

坦白說，讓他的身體先躲好，找回自己的安全感，才有可能會想吃東西、想要排泄，而不是想盡辦法先讓他吃。搞不好他已經緊張到超想吐了，這時又聞到食物的味道，更有可能會吐出來！

所以，不要在這時就想改變動物膽小的個性，或是想修正他的攻擊性，這些個性上的顯化，都是因為本能告訴他覺得自己不安全唷～在獲得安全感之後，個性方面有機會透過行為學的矯正、溝通的配合來調整，但本能絕對不會因為人類而改變！

所以回到溝通的本質，釐清問題後，**我們要先確認自己設定的問題不是建立在改變動物的本性之上，當然也不會是改變我們自己的本性，所以養動物前還是請您三思。**

你願意被動物改變你的生活嗎？

你願意接受另一個動物分享你的空間嗎？

你願意照顧另一個生命，而且會是另一個可能先離開你的生命嗎？

每一個問題，都是要請你不要再製造問題給自己。因為唯有你先珍惜自己、了解自己的需求、明白自己的問題，我們才會真的了解自己想要與怎樣的動物相遇，我們才會坦然的接受：相愛是一種磨合的過程，而不是天上掉下來的真愛！（那叫做意外）

別做自己人生的麻煩製造者啊！

小結

所以～看到這裡，親愛的你，準備好要溝通了嗎？

關於你想說的，是打從心底需要傳遞給這個世界的嗎？

而你想說給動物聽的，是他們可以理解的，還是一種要求呢？

寫給初學者的小重點

我是誰？我要跟誰說話？我想要說什麼？我希望跟對方達成怎樣的共識？

寫給溝通老手的祝福

溝通的時候，你是否被問題給解決，而也成為溝通之中的麻煩製造者呢？

這格留給你

請你看完本章，寫寫你所看到的。不要急著前進，請從跟自己溝通開始。

溝通前的準備

Section 1
向自己和動物自我介紹

一、釐清自己的動物緣分

在正式開始溝通之前，我們先一起回想「我們與動物的緣分」。為什麼要做這件事情呢？

第一點、更堅定我們的目標。

第二點、加強我們的動力。

第三點、也是最重要的：**釐清過去經驗對我們的影響。**

過去生活中與動物相處的經驗，會深刻影響我們現在對於關係的想像，不管是我們主觀認為好的，或是壞的，更甚者可能是感覺到遺憾的，所以我們需要先回到過去的現場，檢視自己對動物的態度，是自主選擇相處的方式，還是被周圍的人影響而有樣學樣的相處。

首先，回想從小到大的動物緣分。

請靜下心來回想過去自己與動物的緣分，請分成「家中的動

物夥伴」、「經常遇到的動物朋友」、「野形動物」和「野生動物」。

請你具體回想相處的細節，不管是幾歲的你、相處的品質好壞，都請先試著想起對方的樣子，然後用筆記下來。試著對一個動物夥伴寫出三到五個相處的故事，可以是很簡單的紀錄，不論相處方式的好壞，就是寫下來。

1. 家中的動物夥伴

這部分應該很好理解，就是跟你一起在家裡生活過一段時間的動物夥伴。

【例】鄉下的家有養狗，很巨大的狼狗

- 叔叔會把我放在狼狗的背上，讓他馱著我走路。我總是抓著他的耳朵，但是他都沒有生氣。
- 他是母狗，一直都會有奶水的味道，他一直在生小孩。
- 我走過去看他，他都低著頭等我摸他。

2. 經常遇到的動物朋友

指的是生活中常遇到，但並非養在你家的動物。

【例】舅舅朋友的貴賓狗

- 我第一次遇到貴賓狗，是跟舅舅一起去登山，舅舅的朋友帶

了一個淺咖啡色的貴賓狗。我頭一次遇到需要上牽繩的狗。

- 我滿懷興奮想牽著他，但是他都不聽話，我只好一直拉著他，然後他就咳嗽，我嚇壞了。但是他還是一直跑，我覺得他很不受控，我變得不太喜歡他。

- 每次遇到他，他都一直衝，真的很壞！

3. 野形動物

指的是擁有野生動物的外表，但卻無法擁有野生動物生活空間的動物。簡單來說，就是在動物園的動物，或是一些私人機構長期豢養的野生動物：

【例】小學去動物園看到的大象

- 第一次看到大象，我只想叫他過來，因為我想知道他是不是真的很大。

- 他跟另一個大象是什麼關係？為什麼都離好遠？

- 他的大便好大，他每天要吃多少東西，才可以有這麼大的大便？

- 他的水池好小，水又好少，誰可以幫幫他讓他舒服一點。

- 他喜歡在這邊生活嗎？這邊感覺好小，小到他都無法安心坐下。

4. 野生動物

指的就是自然生活在野外的動物，也許不是那麼輕易就可以

見到，需要你花一點時間釐清與回想。

【例】巷子口草皮斜坡上的麻雀

- 早上上學總是看到他們在啃草皮。
- 很想要靠近他們，但他們總在我還離得很遠時，就會整群飛走。
- 他們總是成群的在一起，一直在講話，好像很快樂的樣子。
- 為什麼都沒有見過單獨一隻的麻雀？

花點時間去檢視自己的筆記，請去思考你跟動物的關係為何。

你從何時開始對動物感興趣？

- 哪一個對象讓你開始在意「動物對你的評價或是感受為何」。直白地說就是——「哪一個動物，讓你開始希望對方是喜歡你的？」
- 進一步檢視「哪一個動物讓你產生『佔有慾』，使你希望可以跟對方更長期、更親密的相處？」
- 相處之後，你對他的喜歡一如既往，還是讓你對動物的感受產生了不一樣的變化？動物做了什麼讓你感覺變了？
- 站在現在的角度、現在的年紀，你會如何看待當年的自己？不要急著檢討自己唷，先試著理解當年的自己資源為何？知識夠嗎？然後再回來想想那段關係對於現在的影響。

這些回想都是為了讓你再踏上動物溝通的時候，找回當初喜歡動物的悸動。**這不是檢討大會，所以這些回憶也是讓你釐清自己對動物的感受。當我們越理解自己的感受，就越能好好說話。**

好好地進行動物溝通是我們的目標，而過去與動物相處的養分，會成為我們持續溝通的動力。透過釐清回憶，明瞭自己的喜好與限制，避免自己在未來與其他動物相處時，因為過去的經驗而被侷限了溝通的意願或是相處的品質，這都是我們需要先做好準備的。

理解自己的侷限不是為了證明我們受過傷，而是看見自己現在有勇氣超越，並且有能力陪伴當初的自己走過關係的低谷，然後接受動物的愛。因為我們真的是值得被動物珍惜的人，所以請從好好回想過去的關係開始，然後帶領那個止步的小孩來到現在吧！

二、現在與伴侶動物的關係

如果你現在還沒有動物夥伴，也請試著閱讀這一節，將這些提問放在心中，為未來做準備。

對於已經被動物夥伴珍惜的你，讓我們來看看現在的關係吧～
你是從何因緣讓動物進入你的生命呢？
他是你主動想要飼養的？還是陪你長大的動物家人？
或者，你是在動物機構陪伴野形動物的生活養護員？還是野生動物的研究員呢？

無論是哪一種，請你檢視一下你現在跟動物的關係：

1. **你有多少主動權？**

   你可以主動掌握動物的生活的程度？包括食物、空間、陪伴時間……等等。

2. **你有多少資源可以陪伴動物？**

   具備有效溝通的醫院清單、當你不在家的時候可以幫你照顧動物的家人朋友。

3. **目前關係的狀況？**

   是舒服的陪伴，還是有需要調整的空間呢？

「舒服的陪伴」是因為你都在狀況內，可以根據年齡、身體狀況與動物個性而有所準備，所以感到舒服；還是因為你跟我

一樣癡迷於動物，只要看到動物家人就什麼都好？但坦白說，這可能不是真的很好。我們還是要思考一下：你是否有想像過，當動物夥伴失去生命時，留下來的我們，是否真的都能過得好？

更具體地說，你想像過動物失去生命的樣子嗎？你有準備好陪病嗎？還是你光是想像，就一直想檢討自己？或是你連想都不敢想？動物可不是因為要讓我們更孤獨，而出現在我們生命中的唷，所以我們什麼滋味都要主動去品嘗啊～

「有調整空間」是指目前跟動物生活有衝突，是因為動物本性而產生衝突，還是因為你對自己的狀況有所不滿足？
前者可能是因為動物本性造成環境中的不適，例如：亂尿尿、破壞家具，或是莫名嚎叫……等；後者是你對生活的不滿意，連帶影響與動物的生活，例如：工作時間過長無法陪伴、空間過於狹小影響生活，或者生病無法好好照顧動物……等等。

對你來說，不論是舒服的陪伴還是有待調整，都可以透過動物溝通得到更具體的支持嗎？那你覺得自己要從哪些觀點來進行討論？**如何從自己出發，同時也維持與動物夥伴的需求平衡呢？**

如果無法一蹴可幾，那麼如何把調整規劃出進度，感受自己

與動物夥伴的進步呢？

如何透過這些改變，加強親密感，也正增強彼此的自尊呢？

你喜歡現在的自己嗎？喜歡現在跟動物的關係嗎？

你幸福嗎？

還可以因為彼此的存在而更快樂嗎？

三、希望未來建立的關係

溝通是為了有效創造雙贏的關係，所以想清楚再傳遞訊息很重要。

不管現在你與動物的關係走到哪裡、希望未來能建立怎樣的關係，以下是我建議你此刻應該重新思考，並釐清彼此關係的步驟：

- 對於與動物共享生活的理解
- 目前相處關係中的挫折，或是讓你感到為難的地方
- 釐清怎樣與動物相處的關係適合自己

1. 對於與動物共享生活的理解

對於跟動物相處的生活，不論你現在是否已經有對象，對你而言，「舒適的共享生活」需要具備哪些具體的條件？你必須細緻的羅列出來。例如：

- 我很怕吵，所以需要主動安靜，但是又願意互動的動物。
- 我需要吸貓吸狗才能獲得心理健康，所以我需要能接受被我吸的貓狗。
- 我很怕去醫院，所以我想要健康又不用花太多時間照顧的動物。
- 我需要很親近我，也可以接受我飼養別的動物的動物夥伴。

- 空間可以共享，但是我跟動物各自擁有獨處的空間，我也要學會不打擾他，可以自己獨處……

這些用「我」開頭的句子都非常重要，因為我們是要為動物夥伴負責的人，我們是先來到這個空間的大動物，我們要知道自己對於關係的需求，因為我們需要。所以為了達成目的，我們就會更慎重地選擇對象，也會因為需要而體貼對方，學會改變自己的堅持或想像；因為我們與動物屬於家人的連結，而不是權威的相對關係。

請先了解自己真實的需求，不要被文明道德的框架所限制。我們就是動物與動物之間的相處，要追求共好，然後透過溝通創造雙贏。

2. 目前相處關係中的挫折，或是讓你感到為難的地方

在這個小節，我們將分成「已經有動物夥伴」跟「尚無動物夥伴」來討論。

▍已經有動物夥伴的朋友

目前生活中有讓你困擾的地方，或是說跟你當初預期有落差的地方嗎？我們需要仔細地審視這些可能造成距離的問題。

例如：

- 沒有每週清理貓砂盆，他就容易亂尿或是憋尿，但我懶得洗，有更有效的清潔產品能幫助我嗎？
- 我希望動物夥伴可以陪我睡覺，但是他都來一下就走，我到底應該如何吸引動物夥伴呢？
- 狗狗真的需要每天都出去散步，不然會一直破壞家裡，但是我有社恐，應該怎麼辦啊？

以上都是舉例。如果問題是可以解決的，那表示你也透過動物在理解自己的需求，所以動物真的是陪伴我們成長的好夥伴；但是如果你覺得自己處理很辛苦，很多時候都只靠自己在面對困難，那我建議你要適度尋求外援的幫助，或是嘗試說服自己降低標準。

因為即便學會動物溝通，你所堅持的，可能跟動物夥伴不願意妥協的事情是一樣的，都奠基在彼此的安全感之上，無法因為愛、因為溝通而調整。

這時候身為大動物、身為人，我們確實要多付出一些，因為我們比在家的動物多了很多的選擇跟出口，但是他們沒有選擇，只能用他的生命在家等我們。

面對挫折，我們應該如何使用溝通呢？

對自己

釐清自己是否可以承受關係，如果連相處都有問題，請讓彼此都有重新選擇的機會。放下不是放棄，一起痛苦不會有創造幸福的可能，忍一時只會讓我們彼此在未來增加衝突大爆發的機會，讓關係的裂痕不斷地擴大。

對動物

透過動物溝通，先坦承地敘述關係中的挫折對你的影響，要具體的說明，不是光說一句「我感覺不好」，而是要引用動物可以懂的生活例子。

例如：媽媽會因為你亂尿尿心情不好，心情不好的感覺就像是，我當著你的面把你最愛的零食吃掉，還很得意地一吃再吃，卻連一點都不分給你。

▌目前尚無動物夥伴的朋友

目前還沒有動物夥伴的朋友們，建議你先準備以下的功課：
「去拜訪有養動物的朋友家中，觀察他們與動物的關係，並且詢問相處的苦樂」和「思考自己在現實關係中，如果與人有溝通的問題，你是如何解決的」。

我覺得前者是非常必要的功課，而且是最基本的。
你喜歡貓，就找有貓的家庭，觀察對方如何營造空間、動物夥伴如何與你的朋友互動。喜歡狗的人，就在朋友外出遛狗

時一起去散步,然後思考自家附近是否有相同的路線。你甚
至可以考慮在朋友外出的時候,擔任他們家的狗保姆,透過
實際相處,來觀察自己是不是真的想要擁有動物夥伴的陪伴,
為自己選擇的愛負責。

如果你跟春花媽一樣沒什麼朋友,我建議你去動物收容單位,
不管公、私立的都好,先跟動物實際相處一段時間,不是看
一、兩天的那種,而是花上一個月長期相處,去檢視自己的
真心,是不是可以接受動物真實的樣態。

我聽過蠻多人都想要與受傷或者心理受創的動物相處,在收
容所,你會看見人類對動物的諸多影響;我們也可以進一步
思考,除了一起生活,面對目前流浪動物的困境,喜歡動物
的我們還可以做什麼,讓動物可以活得更好。

和人之間溝通不順的情況,絕對是你在動物溝通時也會遇到
的問題。

動物不想聽我們的話,是很正常而且在初期絕對會發生的事
情,因為我們和動物真的不熟、也尚未建立信任關係,即便
是養了多年的動物,剛開始溝通時,他也跟你一樣,你在練
習的,動物也在練習,挫折也相同啦!所以如何透過理解彼
此,透過動物溝通釐清彼此的差異,是一定要修練的課程。

回到日常，我們在面對溝通的困境，不能單純依靠語言的釐清，必須要具體落實到生活之中，而且是一個個步驟、一次次的練習行為，再配合語言的釐清，建立有差異的共識來生活，這是動物溝通可以做到的。

而這些養分來自於你平常當人的時候，在面對不同個性的人時，是否可以發揮不同的溝通方式，來創造彼此舒服的彈性空間。不要妄想一起生活的動物就要聽你的話，我們是選擇彼此的平行夥伴，尊重對方才能談相愛的生活唷。

如果你光是思考這些，就覺得很受限，或是無法找到有效的外援，我建議你可以再緩緩想要跟動物一起生活的想法。別人家的小孩有時候去陪伴玩耍就好，關於要對動物負責任，照顧一個生命到末路，其實是很重大的事情。我們只是微小的人類，不要讓小背包變成大包袱！

3. 釐清怎樣與動物相處的關係適合自己

怎樣的關係最適合我？也就是說，我們要思考怎樣的動物夥伴適合跟我們一起生活。

貓不全都是獨立而乾淨的，也有那種跟流氓一樣到處癱倒在地上的廢物貓唷。狗也非都黏人而活潑的，也有那種天生公主病還嚴重挑食拒吃的彆扭狗。陸龜不用天天餵，想到就可

以摸，但要訓練他定點大便真的很難！兔子看起來超可愛的，實際上超有個性而且啃個不停，超吵的！蜜袋鼯小巧可以隨身攜帶，但是他每天需要睡得很多，而且叫他還會被咬！綠鬣蜥帥爆了！但是他喜歡在水裡面大便而且需要適時照燈，不然會生病！

這些很基本的事情，你知道嗎？

兩隻貓剛剛好，希望他們可以一起相伴睡覺，也陪我一起睡。但如果他們就是做不到，你會不會遺憾呢？

一貓一狗是我的理想生活，還可以一起吃飯對我來說就是最幸福的畫面。但偏偏他們就是天生八字不合，都不像一家人，你會後悔自己的決定嗎？

養蛇好像可以避免一切的麻煩，但是你做得到餵他生肉、凍鼠或是小雞嗎？

我與某種動物的關係，會是什麼呢？哪一種是最適合我，可以讓我透過相處、經過付出，更感受自己是值得依賴而且願意源源不絕付出的人呢？

面對與動物的關係，坦白說不能算是公平的，因為我們的生

活主導他們活著的品質，所以一如**動物告訴我的**：「**人好，動物才會好。」**

這是我在長久的動物溝通過程中，多數家養動物跟我提到的事情，不是因為你是家長，而是因為你是動物珍惜的人，如果你是不快樂的，那他的幸福也沒有顏色。如果不先把自己照顧好，我們也不會有餘裕去照看動物。

為此，跟動物相處其實是一種人對愛的證明，但～那都是先從自身做起，動物本來也是如此的。

小結

這些過程都是一種自我介紹。

當我們越理解自己的愛與界線,我們越能有效地面對關係,面對跟我們有著不同文化、養成與需求的動物。當我們先讓動物了解自己,同時我們也再度複習自己的樣貌,然後誠摯清楚的介紹給對方,為了未來的生活而準備。

面對動物做自我介紹時,請你先蹲下並與動物處於相同高度,讓他能清楚看見你的樣貌,理解你的需求,找出你們共同需要對方的地方。那是相愛的起點,也是我們會相遇的原因。

自我介紹是我們對世界表態:「我準備好要好好溝通了!請讓我成為一個好管道!」

寫給初學者的小重點

人好動物才會好,你可以對自己夠好,面對挫折時,能夠耐心處理嗎?

寫給溝通老手的祝福

如果有些老問題重覆出現,別跳過,好好面對,動物會幫助我們度過關卡。

這格留給你

請你看完本章,寫下你所看到的,不要急著前進,請從跟自己介紹開始。

Section 2
與自己身體的重逢與理解

經過上一章釐清自己的內在，了解如何幫助自己之後，現在我們要請更具體的自己來幫助我們。所以，現在讓我們的大腦休息，啟動我們的身體吧！

在動物溝通的範疇內，身體是非常重要的介質，我們都是通過自己的身體來溝通的，所以我們也要了解自己的身體，才可以讓自己為動物代言。這是什麼意思呢？

我們要清楚的了解，當我的皮膚癢時，是不是代表動物的皮膚也不舒服？當我感受到膝蓋疼痛時，是我自己的身體痛，還是溝通的動物在痛呢？當我覺得肚子裡面怪怪的，具體來說可能是哪一個部位？感覺怪怪的，是不舒服而已，還是真的有問題呢？所以我們要先了解自己的身體，才能在陪伴動物溝通的時候，釐清身體可能發生的狀況。

但是要嚴肅地說，**動物溝通不能取代正規的動物醫療**，只是

協助我們探索動物可能生病了的一種方式。再者，不是每一種動物都跟人類的身體構造一樣，所以也無法完整的類比，只能說是「探索」有可能發生問題的部分，提供給家長或醫生參考，但是訴諸於科學的檢查還是必要的！

本章羅列的都是最基礎的知識，大家當然可以自行再進修，請記住：建立這些共識才能更方便地與他人溝通，所以不要過度使用自己的語言或是方式來詮釋，讓自己對這些身體的理解建立在多數的共識，這樣對於溝通具體的討論會比較有幫助。

而我想花時間跟大家討論，也是因為人類跟貓狗擁有相近的身體結構，希望藉由這個特性，讓我們在溝通的時候，能更清楚地與家長討論可能有問題的部位，以利家長觀察，但是一切當然還是要以實際看診為主。

一、認識十三大關節

關節的分類很多，但是本節討論的十三大關節，主要針對動物跟貓狗相似的關節。

人類：腳踝、膝蓋、髖關節、脊椎、肩、手肘、手腕、頸椎。

狗和貓：跗關節、踝關節、膝關節、髖關節、脊椎、肩關節、肘關節、頸關節。

（狗和貓的鎖骨已經退化，所以跟人類的體感不太一樣唷～）

當我們理解這些關節部位，才能針對部位跟家長溝通。

再細緻追求下去的話，建議仔細區分出「酸、痛、麻、癢」的差異，而不是只告訴家長一句「怪怪的」這類籠統的形容詞。當我們要傳遞訊息給對方時，如果總是用「這位動物那邊好像怪怪的」來跟家長溝通，換個角度想，如果你是家長，聽了會不會害怕，會不會更無所適從？所以建議熟悉後，可以換個更具體的方式對家長說。

蠻多動物都會有關節的問題，而且是容易觀察到的，所以我覺得了解這些部位真的是蠻必要的嘗試，要更進一步去理解造成疼痛的可能原因（是先天的，還是因為後天生活環境造成），並在溝通之中找到可以緩解疼痛，或是改善疼痛的醫療方式，跟家長討論出優化生活的可能。

骨骼解剖圖 —— 狗

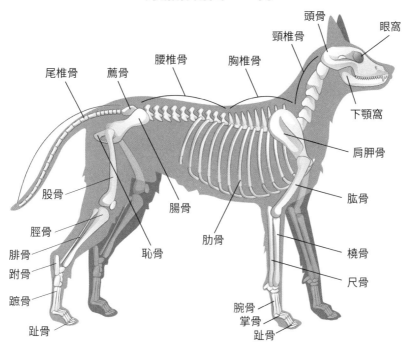

尾椎骨　薦骨　腰椎骨　胸椎骨　頸椎骨　頭骨　眼窩

下顎窩

肩胛骨

股骨　腸骨　肱骨

脛骨　恥骨　肋骨　橈骨

腓骨　尺骨

跗骨

蹠骨　腕骨
　　　掌骨
趾骨　　趾骨

骨骼解剖圖 —— 貓

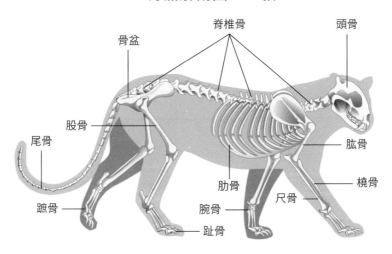

骨盆　脊椎骨　頭骨

股骨

尾骨　肱骨

橈骨

肋骨　尺骨

蹠骨　腕骨

趾骨

現在中獸醫的醫療選項也很多，還有很多雷射的治療方式，都能有效的緩解疼痛，對於老年動物或是殘障動物都是很好的輔助。

又，請容我再囉嗦的說一下，一般人聽不懂「你的狗是跗骨痛！」學問是練給自己精進，不是用來賣弄的。對人說人話，請講成人聽得懂的，例如：「狗狗的膝蓋位置緊縮感明顯，影響他走路。」我們表達得越清楚，家長越可以為動物盡力達成更好的生活品質。

當然春花媽一再強調，動物溝通完全不能取代醫療，所以也不是要拿著這些訊息去找醫院驗證，而是在現實生活中跟動物一起生活，有疑慮的時候可以在看病，或是健康檢查的時候多詢問醫生，讓動物獲得更多的保障。

二、非關節其他易感的部位

肌肉類型的疼痛通常會比較明顯，而內臟系統未必直接有感覺，但是會有異樣感；或是當連線的感受明顯與之前的經驗不同時，應要注意。以下分部位說明：

1. 頭部

- 耳道
- 眼睛：

  A. 需要釐清是眼球感染的癢；

  B. 還是眼球內部結構的問題：如白內障；

  C. 或是腦壓影響眼球而有壓力感等。

- 口腔：是牙齦的不舒服，還是咬合不正影響等。

2. 上半身

- 氣管：塌陷會容易有一直想要咳嗽的壓迫感，感染容易有癢癢的腫脹感。
- 肺：感受上比較不屬於疼痛，而是呼吸時氧氣不夠的感覺。
- 心：嚴重時，心痛的感受會蠻明顯的，但是也會有呼吸困難的表現，很多動物會一直拉長上半身以利呼吸。

3. 內臟

- **胃**：胃脹氣時會明顯有打嗝的感覺，其他情況的胃痛比較容易是消化不良感。

- **腸**：如果腸子不舒服，會明顯有一截截間斷想放屁的感覺，而且持續發生。

- **肝和脾**：是比較不容易有感受的器官，但是也需要認識，功能完全不同。

4. 下半身

- **腎**：基本上不會有感覺。春花媽的經驗是，嚴重時會有痠痠的感覺。

- **膀胱**：尿多時的感應會很明顯。會漏尿的動物，下端腫脹感會更強烈；如果是多砂，動物有時會過度舔毛。

- **生殖器官**：在有繁殖慾望的時候，會一直有急切的腫脹感。懷孕時，重量感會逐漸變得明顯。

5. 其他

- **淋巴**：全身都有淋巴，所以有感受時通常體內已經有腫瘤，而非感受到內臟或肌肉組織的問題，會一直有整片區域的腫脹感，或是卡在一起的感受。但是淋巴發生問題時，個體間的差異性會很大。

內臟解剖圖—狗

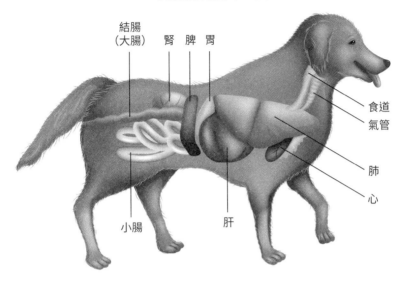

結腸
（大腸）　腎　脾　胃

食道
氣管

肺

心

小腸　　肝

內臟解剖圖—貓

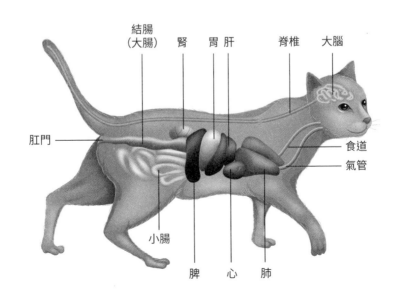

結腸
（大腸）　腎　胃　肝　　脊椎　大腦

肛門

食道
氣管

小腸

脾　　心　　肺

- **皮膚**：

  A. 基本的狀況都是癢，但是大家可以細緻地去感受乾癢跟濕癢的差異，還有先天性的皮膚問題。動物的忍受度差異很大，治療方式也很多，而治療過的皮膚質地會不太一樣。

  B. 如果是做過手術的孩子，皮膚容易產生拉扯感，跟一般的皮膚感染問題不一樣。需要的幫助是舒緩肌肉和拉筋等，而非用外用藥來舒緩。

- **腦部病變**：腦部疾病會歸類在這裡，是因為它發生的型態很難斷定是哪個單一部位。

  A. 無法更明確診斷的神經問題：例如癲癇，會影響全身。

  B. 失智：會影響食慾，也會影響生活與判斷等。

- **病毒型的感染**：身體會忽冷忽熱，有些動物會出現想要確認手腳是否可以動的狀況。

- **身體發生缺損**：具體來說像是截肢之類的情況。通常動物發生這種問題時，確實會有一段時間容易感到恐懼，或是想確認缺損的身體部位，但也會較快進入身體代償作用的建立。一般會建議家長在這個時期就介入，並且必須避免動物養成過度代償的習慣，否則會造成更多身體歪斜的問題，到了老年情況會更嚴重。

以上這些問題是春花媽溝通多年的經驗累積，如果大家願意多深入了解，會發現其實還有很多細節可以討論。

很多家長都對健康問題有高度的關心，所以如果可以從溝通的環節就了解更多，我們都有機會讓彼此過上更好的生活，也可以更安心的陪伴動物夥伴進入老年生活，讓我們成為動物最好的依靠。

三、七大脈輪與相關討論

春花媽向大家簡單地介紹人體的七大脈輪，這是一種能量狀態的分類，原始的出處是印度的《吠陀經》。關於更多的說明，歡迎大家自己鑽研。

然而動物也有自己的脈輪體系，在此想要介紹翁嬑老師的著作《動物靈氣：我和毛小孩的療癒之旅》一書，書中有說明犬貓的脈輪分布位置。翁嬑老師長期致力於動物靈氣的推廣，對於身體的議題也有自己獨到專業的看法，提供給大家參考。

脈輪是沿著人的脊椎由下而上的能量點。先跟大家介紹春花媽喜歡的簡單記法：
顏色：紅、橙、黃、綠、藍、靛、紫（其實就跟彩虹的顏色一樣啦～）
名稱：海底、臍、胃、心、喉、眉心、頂。

脈輪代表的意義
- **紅色的海底輪**：人的生存本能中心的能量點。
- **橙色的臍輪**：原始情緒與情緒中心的能量點。
- **黃色的胃輪**：消化具體養分與情緒的能量點。
- **綠色的心輪**：與宇宙萬物溝通的中心能量點。
- **藍色的喉輪**：發出聲音與心聲的能量點。

人體脈輪圖

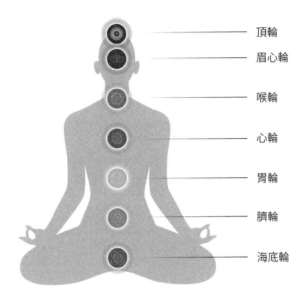

- 頂輪
- 眉心輪
- 喉輪
- 心輪
- 胃輪
- 臍輪
- 海底輪

- **靛色的眉心輪**：理解真相的能量點。
- **紫色的頂輪**：身心靈合一的整合能量點。

在春花媽的課堂上常發現，人如果在不同能量點有顧慮的點
或是停留在受創的經驗，通常跟以下的情況有關：

- **紅色的海底輪**：無法有效地與自己溝通，或是難以幫自己
  下決定。
- **橙色的臍輪**：有情緒受創的問題無法消化，且具體影響自
  己的生活。

- **黃色的胃輪**：缺乏判斷自己需求的能力，通常容易過度討好的情況。
- **綠色的心輪**：對於了解自己充滿疑問或是抗拒。
- **藍色的喉輪**：較難消化溝通挫折的經驗，或是容易卡在表現且容易懊悔。
- **靛色的眉心輪**：過度理性而顯得固執或是過分要求，非常緊繃。
- **紫色的頂輪**：多數人覺得陌生的地方，因為缺乏自我對談而無法理解追求更好的自己是什麼意思。

接著繼續談，如果在脈輪有這些問題，與動物夥伴相處時容易發生什麼狀況：

- **紅色的海底輪**：想要控制動物夥伴成為自己想要的樣子的企圖很難改變。
- **橙色的臍輪**：對於動物夥伴的性慾表現容易有焦慮，對於是否要進行絕育手術也有較多的考慮，也較容易發生泌尿系統發炎問題。
- **黃色的胃輪**：容易跟動物夥伴共振消化系統問題，發生人便祕、動物軟便的情況。
- **綠色的心輪**：對於動物夥伴的表現容易過度詮釋，只能接受快樂積極的表現。

- **藍色的喉輪**：對於動物夥伴的聲音有控制的需求，也容易規定吃飯的積極度。
- **靛色的眉心輪**：希望動物夥伴可以符合自己的想像，自身容易產生受挫感。
- **紫色的頂輪**：對於想像的生活無法落實，較容易絕望或是憤怒。

但是當然，這一段的分析是春花媽在課堂上累積的經驗，不一定能代表絕大多數，僅提供大家參考。

但是春花媽常說：「人好，動物才會好。」所以如果可以先透過檢視自己的脈輪狀況，再進一步去看看動物，也許我們會找到更溫柔的方式去對待彼此，讓我們的生活更為滋潤。

相愛是日日的練習，照顧自己也是。

小結

不論你是用哪一種體系去認識自己的身體，最重要的是「先去認識然後建立連結，然後找出自己最舒服的方式」。

找到讓自己舒服的方式真的很重要，因為當我們先學會善待我們的身體，在動物溝通時，我們就可以有效分別出「是我不舒服還是溝通對象不適」。這點非常重要，不然給錯資訊真的會讓彼此都很緊張，在舒服的狀態下溝通，才會是最周全的。

另外，不管用哪一種方式去認識身體都很好，但是必須能落實到真實的身體部位去討論，透過有共識的說法，我們才能跟家長具體的溝通。

當然春花媽也知道，「心情不好」或「情緒的疾病」不一定會引發具體部位的不適，所以我們更需要去釐清，哪些是身體部位不舒服引發的情緒問題，而哪些是排除了身體問題而有的情緒問題啊！不然什麼都說心情不好，聽了家長都要心情不好了，溝通完三方（溝通者、動物夥伴跟動物家長）都想哭，不是這樣的吧！

寫給初學者的小重點

人好動物才會好，照顧好自己是基本功。

寫給溝通老手的祝福

多透過各種管道了解疾病，是要當專業溝通者的基本能力。

這格留給你

要記得常跟身體說謝謝你，因為在動物溝通中，你的身體是最辛勞的存在。

Section 3

讓自己成為管道的基礎練習：
地水風火

在正式開始執行動物溝通之前，我們需要為自己的身體與內在再準備一下。延續上一節理解身體的重要，現在我們要淨化內在，讓動物與我們相遇的時候，可以感受舒服，也可以自在的傳遞訊息。所以，現在一起來清理溝通的管道吧！

一、地水風火的靜心冥想練習

本章主要為冥想的練習，大家可以考慮先閱讀，接收完文字的訊息之後，再用自己舒服的方式進行冥想。
唯有你知道自己最適合什麼方法，但是功課要日日做才會有成效，這也是最基礎的練習。

地水風火的靜心冥想
靜心冥想前的準備

1. 找一個舒服的空間安放自己。

2. 如果不是習慣靜心的人，建議靠著牆坐，或是坐在有靠背支撐的椅子上，讓自己可以更舒心地坐好。

3. 單純在空間中安靜地坐下，先感受到自己跟空間是相容、互相支持對方的，進而感受到自己的身體是放鬆的狀態。（請檢查自己是不是聳著肩膀～）

4. 放鬆後，喝口水，將水慢慢分成三口喝下，我們準備要開始了～

冥想內容

呼吸，吸氣～吐氣～

呼吸，吸氣～吐氣～

呼吸，吸氣～吐氣～

呼吸，深深地吸氣～深深地吐氣～吐出那些不屬於你的，讓它回歸天地。

呼吸，深深地吸氣～深深地吐氣～清楚地意識到自己的身體。

呼吸，深深地吸氣～深深地吐氣～清楚地意識到所在的地方，看見自己坐落的位置，看見自己。

呼吸，吸氣～吐氣～

呼吸，吸氣～吐氣～

呼吸，吸氣～吐氣～於你所在的地方，感受到自己慢慢的下沉，穿越過地板、陸地、泥土、一層層的泥土、潮濕的水氣、黑暗、黑暗。我們落到更深的黑暗之中，直到地心。

在地心有一個發光體，一個溫暖的發光體，祂是大地媽媽的化身，散發著溫柔的溫度。光輕輕地環抱著我們，我們在大地媽媽的懷抱之中，變得放鬆而柔軟，感受到大地媽媽全然的支持。我們全心、全身的依賴在大地媽媽的光之中，在祂的光之中，再度感受自己是深深被愛著的。

大地媽媽的光逐漸融入我們的身體，讓我們也跟著發光了起來，我們的身體充滿越來越多的光與力量，越來越多的光與力量充滿著我們的身體，讓我們的身體緩緩地向上。

我們的身體緩緩地向上、向上、穿越黑暗、穿越泥土、浮出地表。

當我們浮出地表的時候，我們的身體開始發生變化。
當我們浮出地表的時候，我們的身體開始發生變化。
當我們浮出地表的時候，我們的身體開始發生變化。

我們的身體變成四足類的動物，我們是用四隻腳在地
上行走的動物，用四隻腳在地上行走的四足類動物。

我們在地上創造出我們的腳印，我們長出了皮毛。我
們可能有尾巴，我們強壯的肌肉讓我們輕易的上樹，
也可以在跳躍的時候翻滾，也能安穩地踏在地上。

用我們的全身與大地接觸、翻滾、跳躍、翻滾、跳躍，
全然接受大地的支持，同時感受自己身體有力的狀
態。行走、快步走、跑步、連續跑步、狂奔，感受自
己越來越急促的呼吸，越來越熱的空氣充滿鼻腔，但
是我們還是奔跑著，用盡全力地奔跑著，感受肌肉溫
度的上升，全身都在發燙的狂奔，用盡全力的跑著，
向前、向前、向前、向前、向前、向前！

越來越熱，吸進來的空氣濕度變高，我們越吸越急，
越來越多的濕氣充滿我們，大海在我們的面前。

我們持續地狂奔，眼前是大海，我們用力一跳，跳進
大海裡……

當我們的身體接觸到海水的時候，我們的身體開始發
生變化。
當我們的身體接觸到海水的時候，我們的身體開始發
生變化。
當我們的身體接觸到海水的時候，我們的身體開始發
生變化。

海水包圍我們的身體，我們變成生活在水裡的動物。
我們是生活在水裡悠遊的水族動物。

我們的皮膚與水相容，甚至用皮膚就可以呼吸，我們
的身體可能不止四個手腳，也可能沒有手腳。我們長
出了魚鰭，或是觸手。我們可能有鱗片，也可能有巨
大的尾巴，我們是生活在水裡的動物。

深深感受水完整的包覆著我們全身，由外而內的水穿
透我們的全身，我們是水的一部分，水也是構成我們
的一部分。我們的身體充滿彈性，我們在每一個延展

的動作中，在水中悠遊，跟著浪起伏，隨著潮水起落，在高低之中我們都在水裡，清楚地感受自己在水中，然後我們有意識轉身向下。

我們轉身向下、向下，往下游，穿越過連續的流，穿越過海的波塊，不斷地向下、向下、向下～

四周的水變得越來越暗，水也變得越來越重、越來越重的壓在身上，每一次呼吸都變得更綿長、更為稀薄，但是我們還是帶領自己向下、向下，往下游，繼續延展自己的身體往下游、往下游、往下游。四周已經沒有光線，沉重的海水幾乎壓扁我們的身體，我們帶領自己往下、黑暗、往下、更深的黑暗、往下，全然的黑暗壓在我們的身上，我們在這方黑暗中待著，清楚地意識到自己的身體，全部的身體，從頭到尾，清楚地意識到自己的存在，待在全然的黑暗之中存在著，然後我們轉身。

轉身往上，清楚的帶領自己轉身往上游、往上游、往上游。我們帶領自己往上游，一邊調整呼吸，感受壓在身上的重量逐漸減少，光線慢慢在周圍出現。

往上游、往上游、往上游，越來越多的光包圍著我們，身體越來越輕盈，可以輕易延展，太陽隔著一層淺淺的海水照耀著我們，吸引著我們。

跟隨著光，我們用力一跳，我們用力一跳，跳出水面，當我們的身體離開海水，當光照耀著我們的身體……當我們的身體被光溫柔輕撫的時候，我們的身體開始發生變化。
當我們的身體被光溫柔輕撫的時候，我們的身體開始發生變化。
當我們的身體被光溫柔輕撫的時候，我們的身體開始發生變化。

我們的臉開始發生變化。我們長出細細的羽毛，我們的嘴變成了鳥喙，我們的身體長出了翅膀。更多的羽毛細密的蔓延在我們身上，不同大小的羽毛被風吹撫著，創造出不一樣的流動。我們變成了鳥。

我們試著順著風滑翔，然後逆著風展翅。我們試著收斂翅膀讓自己下墜，在靠近海面時，瞬間張開翅膀飛翔。我們感受自己鳥的身體的輕盈力量，讓自己與風

調和，讓風成為我們力量的一部分，感受支持帶來的方便。

接著我們開始往上飛，乘著風往上飛，讓風順順地帶著我們往上，不費力氣的飛升、向上、飛升、向上、飛升、向上。空氣開始變得稀薄，我們需要靠自己的力量，用力地展開翅膀向上飛。我們持續地向上飛、向上飛、向上飛，空氣越來越薄、越來越熱，已經沒有風可以幫助我們，我們持續振動的翅膀越來越熱、越來越緊，但是我們持續地向上飛、向上飛、向上飛，不停的往上飛。太陽就在我們的眼前，我們往太陽的方向飛，往太陽的方向飛，越來越熱，四周越來越熱，空氣的溫度跟我們翅膀肌肉的溫度一樣在高升。我們持續往上飛、往上飛、往上飛，越來越熱，熱到發燙，燙到要燒了起來的感覺，熱到要燒起來的感覺……
突然！我們聞到一股燒焦味。

我們的羽毛燒了起來，一根根的羽毛燃燒了起來，燒到我們的皮膚，燒到我們的肌肉，燒乾我們的血液，燃燒我們的內臟，燃燒我們的心臟，將我們燃燒成灰燼、碎片、碎片、碎片，我們變成了「空」。

我們變成了空，無所存在的空，我們成空。

在這樣狀態裡待著，享受不存在的自己。

遠處有雷聲，遠處有轟隆的雷聲。雷聲靠近、雨滴、雨滴、雨滴一滴、雨滴、三滴穿越過空，穿越過空的我們。雨滴、雨滴、雨滴一滴、雨滴、三滴穿越空，讓我們的意識再度匯聚。雨滴凝聚我們的意識，我們隨著雨滴，再度匯聚在地上。

我們隨著雨滴再度匯聚在地上，

我們隨著雨滴再度匯聚在地上，

我們隨著雨滴再度匯聚在地上，

再度匯聚出新的身體。

等待匯聚完成，觀察新的自己、新的身體。

記住新的自己的模樣。

記住，記在心裡。

呼吸，吸氣～吐氣～

呼吸，吸氣～吐氣～

呼吸，慢慢的回到黑暗之中，清楚帶領自己回到出發的地點。

回到自己的身體，回到自己出發的地方。

回到自己的身體，清楚地意識到自己全身的存在。

回到自己的身體，呼吸，深深地吸氣，深深地吐氣，
回歸自己。

（冥想結束後，請先慢慢喝水，讓自己在這樣的狀態
中沉浸一會兒。）

二、地水風火的靜心冥想解析

回顧靜心冥想的內容，大家不難發現，其實這個冥想是用四大元素來串連的過程。

為什麼是用地水火風的元素呢？因為這是我們跟動物共有、共享的世界，我們都是從共通點來建立共識，才能夠好好溝通。所以這個讓自己跟動物更共感的基礎練習，要常常做，就能更容易讓動物發現跟你的共同點唷。

接下來我們一一解析這個基礎練習的核心思想。

地：舒適圈的建立

「你最喜歡哪一種在陸地上行走的動物？」

為什麼喜歡呢？

是喜歡他的顏色、聲音還是味道，或是喜歡跟他夥伴的關係？

是不是都先被他的動作與外貌吸引呢？

那麼～如果試著用你喜歡的動物姿態行走，你的身體會如何模仿他的身體呢？當你身體的形狀跟你喜歡的動物越來越像的時候，你的身體感覺如何？

例如：家中的貓。回想家裡的貓是如何踏地的？

他的後腳會穩穩地踏在前腳踩過的地方，順順地向前。會這樣走路是因為順著走過的路，踏實的地就不會發生意外；此外，走路的聲音會變小，可以讓他更順利的接近獵物。

那巨大的大象又是如何走路的呢？

他們一次只移動一隻腳，讓其他三隻腳穩穩的停在地上，支撐自己的身體穩定地前行。所以他們就算很巨大，但是移動的時候不會因為龐大的身軀而顯得笨重，他們知道如何用自己的四肢真正的依靠大地而前進。

模仿一個在陸地上行走的動物多半是容易的，當我們自己的身體與他們的姿態越像，我們就越容易感受他的質感，因為我們都是本質相似的動物，我們都是習慣生活在土地上的動物。而在這個冥想之中，土地就代表舒適圈的建立。當我開始接收大地媽媽的愛，我們就在強化自己的本能，來面對自己的出生。而人也是依賴土地而站出自己空間的動物，我們在表態的時候也是一種建立安全地帶，創建舒適圈的過程。

所以在這個單元的冥想中，我們會比較容易建立動物的身體，甚至有可能在冥想的過程中，因為速度改變的關係，你也許會變化成其他四足類的動物。這跟現實生活中你的生活狀態有關。

▋ 單一物種衝刺到底：

通常意味你有慣用面對世界的方式，或者是說你有自己仰賴的專長，所以你會用較為單一或是純粹的方式，與世界溝通。

▋ 多種動物的變化奔跑到底：

通常表示你會因為外在壓力改變自己的姿態，也比較願意嘗試冒險來抵抗環境，通常在溝通上會根據對象改變傳遞訊息的方式。

水：潛意識的探索

「你能享受在水裡面的感覺嗎？」

我是說整個頭都要泡進水裡，不能用手捏著鼻子，而且也要讓耳朵跟鼻子充滿水，然後在水裡放鬆憋氣。

這其實很挑戰自己唷～如果無法維持平穩的呼吸，對我們而言很容易產生恐懼的感受，我們會因為不安全而想要逃避或是遠離。那麼，那些習慣在水裡的動物，是如何跟水建立關係的呢？

例如：95% 都是由水構成的水母。

與其說他是海生動物，也可以說水母就是海水的一部分。

水母的移動方式是透過「噴水」來前進，透過擠壓體內的水分產生動能，而能在瞬間移動。這也是水母「最不水」的時候，

因為他想要有意識地改變自己的狀態，讓自己被海水不斷地、全然的、不分彼此的充滿自己，活著。

又例如：多數的魚類與鯨豚。

他們通常都是用紡錘狀身體的後半身，加上擺動他們的尾巴來進行移動。因為這樣身形可以有效降低流水的阻力，讓自己穿梭在水的層層波塊之中，他們的休息可以是順流移動，也可以是輕輕擺動尾鰭往自己想去的方向，他們與水是靈活的相依。

試著模仿水族動物對我們來說難度較高，因為我們本來就不是長期生活在水裡的動物，雖然人類在胎兒時期一直生活在羊水裡，但是我們已經忘記在水中的鬆弛感，多數是讓無法呼吸的失控感銘刻在我們的生活之中。

在這個靜心冥想的環節之中，水確實是比較挑戰我們的過程。**因為水代表的是自我的潛意識的探索。**如果你在這個環節有突然睡著的狀況，或是說容易喪失意識，或是說變得更不容易專心，很容易跳出冥想的流程，其實也很正常，不要給自己過多的批評，因為我們還不習慣面對自己的潛意識，這是太陌生的路徑，我們只是不習慣，並不是不會。

通常在這個過程中，如果你會因為下潛而變化物種，意味著

你是探索自我的老手唷，所以你可以看見自己比較多的變化；相反的，如果你不太容易感受到自己，或者是單一物種潛水到底，意味著你跟自己的潛意識很不熟。別擔心，潛意識一直都在我們身上，從現在開始了解也很棒唷。

風：創造力的連結

「你能想像自己是會飛的鳥嗎？」

對你而言，想像自己會飛，然後想起自己擁有自由飛行的能力是容易的事情嗎？你知道鳥是怎麼好好飛翔的嗎？

鳥類的骨頭多數是中空的，以有效減輕身體重量。他們的羽毛會不斷更新，讓自己維持在最好的狀態去迎接風，並且維持高質量的保暖度。另外，鳥類的生殖系統在非生殖季節是萎縮的，以減少能量的散失。

為了飛翔，鳥讓自己成為最專注的存在，讓自己的本能得以彰顯，進而超越自我。鳥為了不被環境所束縛，單純地成為純粹的自己，讓自己的本能可以透過風的幫助而更凸顯，突破環境的限制讓自己有超越的發揮。你願意這樣對待自己嗎？

在這個靜心環節，與其說模仿，不如說是去想像自己會飛，所以在這個過程能否更順利的變成鳥，這是第一個關鍵。

看見自己變成鳥，然後在展翅的時候可以意識到風的存在是協助自己，不會因為風的力量而慌亂，風代表你比較擅長發揮自己所長，或是說你會觀察空間來找到自己適合的位置。

如果在飛行揚升的過程中，你的動物形態產生變化，意味著你曾有突破自己思考困境的經驗；如果沒有，意味著你習慣執行到底才會改變思考方式，或者你很依賴自己的經驗去審視事情。不論是哪一種的你，在這個風的環節之中，我們都需要更意識到風是一種輔助我們的存在，學會有效整合資源是必要的。

火：重建而後自處
「被燃燒的時候，你會害怕嗎？」

火是這世界最重要的淨化元素。火所到之處必定會產生改變，不論是外在或內在，所以當火進入到我們生命的時候，都意味著我們正在接受一種變局。

火是一種由外而內強力的改變。

當引導的訊息提示聞到燒焦味時，你多久才意識到火燒到了自己呢？當你意識到自己正在被燃燒的時候，你是在指令之中順流，還是先產生慌張的情緒呢？或者你已經從冥想中淡出了呢？不管是哪種，都是可以發生的。這個環節在談論的

是，當超出我們預期的事情發生，我們的反應為何？

在火的環節，如果從開始燒到你時，就自然而然地接受火改變你的形狀，意味著你曾有過重建自己意識或生活的經驗，你是先意識到改變正在發生中，然後讓自己被改變，所以你清晰地活在當下。

如果你因為火而產生慌張情緒，這意味著對你來說，多數的改變都跟意外一樣沒道理入侵你的生活，你會感到憂慮而無法專注當下。

如果你在此環節就突然登出，或是無法在冥想的指令當中，意味著你可能有被深深傷害的經驗，而你尚未面對過，所以把改變當作一種迫害自己的手段，下意識地用離開保護自己。不論你是哪一種，**火代表我們願意淨化我們的內在**，只要踏上這個冥想，我們都已經在練習跟超出自己預期的自己相處。所以哪種都好，因為我們已經在往淬鍊出勇氣的道路上前行。

我：匯聚出新的我

「雨滴穿過你的身體時，你有將自己生出來的感受嗎？」

這裡跟海水的潛意識不一樣，這裡的水是一種再創造出來的過程，因為水就是在其他元素流動過程中再度匯聚的新元素。

水保留了其他元素的特質，但又是獨特的新元素，且能存在於其他的元素之中，**水也是人跟動物最相似的元素。**

當雨滴穿過你的時候，你能清楚地意識到自己的存在嗎？可以在過程中一點一滴將自己再創造出來嗎？雨滴的功能是在提醒我們，當我們喪失自我，或是在溝通過程中迷路的時候，要持續把握住溝通的初衷，用真心聊天，而不只是「回答問題」。

所以當我們再次匯聚的時候，你覺得舒服嗎？你看到怎樣的自己？這個過程花多少時間都可以，因為這是我們陪伴自己的旅程。

如果你最後匯聚成新的自己，一個如同你、但又不是完整的你，一個完整人形的你，意味著你對於自己的形狀和表現還是有具體想像的。所以在溝通的過程中，你通常會先選擇說明自己的立場。

如果你變成一個動物，不管是哪一種動物，意味著你持續在探索差異，可能是你跟自己，也可能是你跟動物或是其他人的。越陌生、越無法辨識的動物，表示差距越大。

如果是其他更抽象的存有，那建議你試著多探索自己的潛力，你還有很多可以發揮的事情，請對自己多一點興趣吧～！

三、欸～我是不是做錯了？

這個靜心冥想你進行得還順利嗎？

春花媽想跟你說：「不順利才正常，如果順利的話，代表你準備的很好，你超棒！」

如果不是平常就有練習靜心冥想的習慣，突然要乖乖坐在一個地方，然後一邊記住流程，或是一邊想著引導語冥想，其實很難。

因為發呆不是靜心，而不思考地反應幾乎是我們現在文明人生活的習慣，接受手機的資訊、下意識地笑，讓自己的思考放在很後面。真的要想事情的時候通常是因為壓力來襲，思考也變成負面感受的警示燈，所以要你好好跟自己相處一下子，其實是很為難你的，但是我們只是不習慣靜心，不是不會冥想。

請容我再提醒大家一次：
我們是不習慣，並不是不會。

我們可能都會遇到一些問題：
例如：**「我是不是自己腦補？」**

總也有一些夥伴，會覺得那些畫面是不是自己腦補出來的啊？有可能，但是只要你專注在這個旅程，在事後回想時，是不是有超出你想像的畫面，你就可以自我驗證。通常在這樣的靜心旅程中，我們的經驗會先服務我們，當我們專注在其中，我們自然而然地踏入冥想的旅程，我們都在陪伴我們自己，無所謂真假。

例如：「**好難專心在冥想裡唷！**」
也許你也會覺得自己好難專心，會一直跳出來。一下跟不上引導語，一下想到別的事情，一下又幹嘛去了，就是沒在冥想，怎麼辦？

多練習幾次就好了，從專心三十秒開始，再變成一分鐘、兩分鐘然後更長。換句話說，這個冥想練習可以一次完成一個元素就好，等熟練之後，再持續加碼其他元素的練習。一回生，二回熟，你只是不熟，還沒學會而已。

例如：「**怎麼做怎麼睡，我是不是永遠學不會？**」
其實你就先睡飽啊，幹嘛這麼焦慮？

只要你有誠意溝通，動物不會跑掉，你想說的話也不會消失不見。你相當有可能是因為身體真的很累，需要先休息才能好好講話，所以你的身體很誠實地與你一起準備好好說話。

當然另一個面向，可能是你要說的話，對你來說真的很有難度，很挑戰你，所以你的腦袋嘗試關起你的身體。這時候我要說，請你回去思考然後感受動物溝通對你而言是什麼，找回自己的初衷，加強動力。

只要你想溝通，動物都在。別讓自己的挫折，錯過溝通的機會。我們不是做錯，而只是不熟悉，還在練習的路上，動物也正在陪伴我們，為我們加油著呢！

小結

「地水風火」的冥想，是用來建立基礎的環節。
一則用來讓自己的身體由外而內的成為溝通的好環境，
二則是讓我們自己有機會更親近動物，落實與動物的關係。

所以在日常生活中，多觀察動物的樣貌，多理解動物現在生存的樣子，多了解他們所在的環境與他們的關係，都會深刻的幫助我們在進入動物溝通的環節時更加順暢。

春花媽覺得動物溝通沒有天才，只有苦幹實幹練出來的地才。
地水風火就是每一個溝通者，都應該練習的基本功。

寫給初學者的小重點

記住成功的經驗，不要記住失敗的過程。

寫給溝通老手的祝福

哪一個環境最容易？請把那一份容易的品質，帶到
每一個環節之中。

這格留給你

哪一個冥想環節，讓你覺得最舒服？

Section 4

身體的再釐清：環境與夥伴

這幾天有練習地水風火的冥想嗎？還記得自己喜歡哪一個元素嗎？建議你可以把喜歡的感覺蔓延到其他元素，讓自己的身體也記住這種喜歡的感覺，好好延續那份舒服的感受。

待在舒適的地方，是不是更有被支持、被理解，而想好好說話的慾望呢？

現在，要正式進入動物溝通了，我們要來談談：在哪裡溝通，身為溝通者跟動物夥伴都會最舒服？即便我們是此生一期一會的相遇，也要讓此刻的相遇，成為對方生命中舒服的光點。

一、溝通前最基本的準備：舒適的環境

在四元素的練習之中，你已經有感受到「環境對你的影響也很大」嗎？

也就是說，我們的變身是否順利、流暢，乃至於多元，都跟環境對我們的影響有關。當我們可以快速地奔跑，或是無懼的下墜，都是因為環境對我們是友善的，讓我們可以專心做自己想做的事情。你有意識到這一點嗎？

這一切的方便都不是理所當然的唷，那是因為環境會幫助我們，所以大家可以反過來稍微想像一下，如果環境不再幫助我們的時候：

當我們變成四足類動物在奔跑，眼前是沙漠，每跑一步就是陷落，你如何讓自己啟動變身的動能？

如果我們在黑暗的海水中，每一次更深的呼吸下潛，結果沿途都是水母，瘋狂地打你的臉，你如何維持穩定的頻率穩穩地往下游？

動物跟環境相依的關係是很重要的，在動物溝通亦然。我們不可能在不考慮環境的狀況下，一心希望能完成一場圓滿的溝通。因為就算你能好好專注在眼前的動物夥伴，但是你的動物夥伴本質畢竟是動物，還是很容易被環境影響；再者，當你有著強烈的隔絕企圖時，也會影響溝通的品質。所以營造一個舒服的環境，是練習動物溝通的基本準備。

1. 什麼是讓我感到舒適的環境？

這個問題很實際，你必須先問問自己，怎麼樣才能最舒服。
因為你要先讓自己可以安然地處在這個環境，動物才會因為
你踏實的自在，而變得安心。你可以給自己幾個關鍵詞，去
想想你的舒服。

【例】我喜歡的舒服，是在角落有木頭色調的桌子，可以是圓
形也可以是方型，大小正好可以讓我們親密的挨著坐。桌上
則放著我喜歡的淺焙咖啡、動物喜歡的肉湯，或是鳥兒喜歡
的果乾盤。

桌子與桌子之間的間隔，是很方便起身的距離，退開椅子、
轉身都不會碰到別人。椅腳被好好地包覆著，不會產生多餘
的噪音。想要喝水可以自己去飲水處拿，透明的玻璃杯，裝
著不冰的水，對我跟動物都很好。

看到這裡，你是不是傻眼？有這種可以帶貓狗，又可以帶鳥
的友善寵物餐廳？
沒有！

我講的是我腦海中的舒適空間，也就是說我對於溝通的場景
有所設定，有我設定的那一份舒服，來自我慎重的專注感。

當環境可以讓我全然地放鬆，可以專注在眼前即將發生的溝通，讓我可以清晰地看著眼前的動物夥伴，然後我跟他都可以因為這個環境而放鬆，讓我們自然而然地好好聊天說話，這不就是最好溝通的場域嗎？

你問問自己，在哪裡你會最想跟其他生命說話。在你的心中要先能看到那個場域，看見放鬆的自己，然後將那樣的品質，轉化到動物溝通的場域之中。我們不是要你直接把咖啡桌搬過來，是要嚇什麼動物嗎？我想說的是，你要能掌握自己在環境中安然的條件，讓自己的每一次溝通，都像是場微甜的約會。

當然，你也可以更有自己的溝通品質。如果是高山流水派的，或是屬於空屋系列，甚至是暗黑宇宙都好，先決條件都是要先掌握讓自己感到舒服的要件，讓進入場域的動物，都先因為你舒服的品質而放下陌生緊張的情緒，他們才能好好跟你講話，進行溝通。

2. 如同咖啡廳般的親密與禮貌

繼續談談春花媽咖啡廳舒服哲學。為什麼我會說是咖啡廳的感覺，不是因為我太喜歡喝咖啡，而是因為對我來說，咖啡廳是很好的中性空間代表。

為什麼這樣的場景不是設定在家裡呢？家裡不應該是讓人感到最舒服放鬆的地方嗎？

因為實在是太放鬆了啊！而且家裡的這種舒服其實有點複雜，他包含了太鬆懈的舒服，有點慵懶。而且，你在家中的人際關係也容易造成負面的感受，在沒有好好淨化的前提下，多少都會影響溝通的內在。都要好好說話了，注意細節讓彼此都舒服是很重要的。

所以，咖啡廳對我來說雖然很城市，但是保有一種有禮貌的中性距離。而親密來自於我跟被溝通者的靠近，我主動展現我對溝通的慾望，表達我對想要了解動物夥伴的積極，但是因為我們處在一個不是他家、也不是我家的中性場域，所以我們都會放下本性，拿出一份禮貌來面對對方。

這一份共識很重要，**因為溝通不是什麼都可以聊，也不是什麼都應該聊。**

▎動物夥伴還沒準備好要談論的過去，不要逼迫他

例如：從繁殖場救出來的種母動物，其實非常類似性侵害的受害者，同時還要忍受自己的幼兒很早與自己分離；又或是，同居家人因為重病離世而出養的動物，已經有深厚的感情基礎，但是可能在主人重病時就分開見不到對方，後來又直接

被出養，他一直沒搞懂自己為什麼會被拋棄，就像是被交往十年的伴侶不告而別。以上都是應該避免主動談及的議題，當動物願意時，他就會好好對你說。

▌動物沒有興趣的事情，不要重覆問

因為這樣只會顯得你很煩而且很無趣，你以為這場溝通是相親嗎？不過坦白說，讓溝通者變得無聊的，多數是家長。

有時候，有些家長因為對動物溝通還抱持著疑問，所以會先設定一些覺得動物一定會答對的問題，例如家裡有幾個人、吃飯有幾個碗、廁所在哪裡……等等。答對這些問題都不是溝通者厲害，而是動物表達得好。

而且這些問題都還有另一個門檻，是「你覺得」他知道，但是他可能會回答「他喜歡的」，落差非常容易出現，所以還不如好好專注在溝通過程，去聽聽動物怎麼談論自己跟你的關係比較實際。答案如果只是對出來的，人也不會對。

當然，有些事情也可以不用跟動物聊，像是：

▌我的隱私不是對方需要了解的事

沒在開玩笑，我也遇到過很多次一直狂問我個人私事的動物夥伴，讓我懷疑自己是不是進了可愛警察局。這除了表示動

物對我很好奇，也可能是因為家長設定的問題太無聊，於是動物想聊自己感興趣的，但是我們要學會保護自己。

▌拒絕涉入僵局

有些家長會設定一些可能引起爭端的問題，如果對方不是真的完全尊重動物的意願，只是想找溝通者來加強自己的論點，我們不要成為因為表態而讓動物陷入僵局的人。

例如：伴侶分手的話動物要跟誰？我不想要動物開刀，動物是不是也不想……等等。

把自己保護好，也尊重彼此溝通的機會，對我來說，在一個中性而彼此都能維持禮貌的空間是最適當的。所以，從地水風火四元素開始，讓自己可以與環境舒服相容，到可以輕鬆淬煉出自己的理想咖啡廳場域，是很重要的基本準備唷。

二、你就是自己最好的夥伴

本節談談要如何讓自己也成為舒服被信任的一環，讓對方更有意願跟我聊天呢？簡單來說就是：

「如何讓一個才剛見面的動物相信你？」

（ 給你 30 秒作答 ）

你想到的答案是什麼呢？

拜託，請千萬不要是「給動物吃東西」之類的答案！

我們來繼續探索這題的答案吧～

對你而言，「夥伴」的定義為何？而「你的夥伴是誰呢？」

讓我們一起花點時間作答，邀請你寫下來：

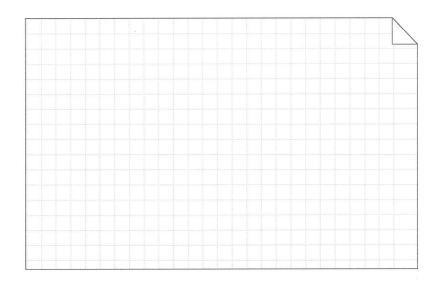

春花媽對於夥伴的定義如下：

- 是我看到就可以放鬆地笑出來的對象
- 他看到我也會顯得很自在

其實這題在我的實體課上，我都會問學生。我得到的答案五花八門，非常有趣，學生們的答案，包括：

誠實、同甘共苦、積極願意付出

互補、共同興趣、會主動幫助我

體貼、喜歡動物、讓我有信任感

真誠……

以上的定義，你同意嗎？你喜歡你的夥伴也擁有這些品質嗎？

此外也要想想，**你的夥伴是誰？**

很多人在實體課上被我問到時，都會回答「自己家裡的動物」，有些人則回答「自己的伴侶」或是「親密的同事」等，真的很有趣。

只有極少數的人會回答「自己」。

但是對我而言，在動物溝通中，最重要的夥伴就是「自己」。不管是我的定義，或是課堂上同學們的定義都對，也都是切合自己心意的回答。但是如果我們將目光轉向自己，「請問

你符合自己對夥伴的定義嗎？」

如果你不是自己最信任的夥伴，當動物來到你面前時，他如何能信任你呢？

對我來說，開啟一場對話，要先將自己想說的話準備好，將場域準備好，接下來就是「讓對方產生信任感，與我對話」。所以我們一定要成為自己最好的夥伴，可以輕易展現出自己迷人、值得信任的那些特質，讓對方可以輕鬆地侃侃而談，所以我對夥伴品質的敘述，也是我對自己需求的說明，因為**我要成為那個最想跟自己說話的人**，我也就具備開始對話的**能力，讓溝通流暢地進行。**

三、祝福自己的相遇

如果有一場最好的邂逅，你有想過會在哪裡、跟誰遇見嗎？

每次我展開溝通工作前，都會祝福自己在今天之中持續保持初戀感，對我來說，動物溝通就是一種天天在初戀的感受。每次的相遇，都是陌生但是充滿心動的過程，不管是哪一個對象，總是可以輕易地讓我笑出來。我可以感受到動物對人的那份喜歡，傳遞到我身上，而我能回應的，就是因為他對人的善意而有的喜悅，我無法壓抑想在溝通過程中笑出來的

衝動，只因為可以跟動物講話。

這是我每天工作、每次溝通時，都會有的念頭。

那你呢？你希望自己是擁有什麼品質的溝通者？為了服務那樣的品質，你需要先準備好什麼呢？容我為諸位整理一下：

- 明確溝通的意圖
- 舒服的場域
- 讓對方侃侃而談的慾望

這些準備功夫都在前面已經詳細討論，如果沒跟上，我建議你先回去看，而不是急著往前學會溝通的具體的步驟，因為你能提供的溝通品質，全世界只有你一個人能作到，所以你要當那個最不想錯過跟自己說話的人。為此，請全然的祝福自己成為最迷人的動物溝通者，好好說話，綻放魅力。

小結

最後，你想要跟怎樣品質的人在溝通的場域中聊天，你就要成為那個人，成為那個支持自己聊天的最強奧援。

不管面對多冷淡的對象、多讓你挫折或是讓你笑到不能自已的動物夥伴，都需要穩住自己好好說話。環境可以提供你穩定回復中性的情緒也很重要。不管在哪一個地方，也請好好看著自己溫暖有力的模樣，那麼對話自然會水到渠成，溝通順暢。

寫給初學者的小重點

溝通場域設在哪裡都沒關係,重點是將舒服的品質
轉化到溝通場域。

寫給溝通老手的祝福

整理場域很重要,不要讓過去的問題變成現在內心
的障礙。

這格留給你

喜歡的夥伴跟場域都可以不斷改變,唯有「喜歡自
己」這點不要改變!

Section 5
擴大直覺的練習

動物溝通其實也是一種直覺的練習，讓我們的身體更為敏銳，讓自己的直覺可以輕易地接收訊息，進而協助動物與人溝通，是非常重要的基礎練習。

直覺練習的方式很多，但是**大家要更細緻的從「我猜」，變成「我感受」。**

這個過程其實很好玩，但是大家必須要敏銳地意識到，自己是不是在當一名賭徒？你是只用頭腦反射，不經思考就脫口而出地在猜答案，或者是用全部的身體感官，來直覺感應面前的問題？

我們都不希望對方不聽我們說，只顧著講自己的事吧～
所以啦～好好地聽到對方的問題，直覺感受線索，然後再好好回應。
來～我們來練習吧！

本節會使用 Section 2（P.48-57）提到的內容，所以如果覺得讀到生難字詞，請回去看看第二節，都會有解答的。

一、淨化自己的冥想

工欲善其事，必先利其器。

讓我們先從打掃自己的身體開始吧！

淨化身體的冥想

▌靜心冥想前的準備

1. 找一個舒服的空間安放自己。

2. 如果不是習慣靜心的人，建議靠著牆坐，或是坐在有靠背支撐的椅子上，讓自己可以更舒心的坐好。

3. 單純在空間中安靜地坐下，先感受到自己跟空間是相容、互相支持對方的，進而感受到自己的身體是放鬆的狀態（請檢查自己是不是聳著肩膀～）。

4. 放鬆後，喝口水，將水慢慢分成三口喝下。

　我們準備開始了～

冥想內容

深呼吸～
呼吸～呼吸～深深地吸氣，然後吐氣～
呼吸～呼吸～深深地吸氣，然後吐氣～
呼吸～呼吸～深深地吸氣，然後吐氣～清楚地意識
到自己的存在。

腳趾
腳踝
小腿
膝蓋
大腿
胯骨
腹部
腰
胸
背
肩膀
手臂
手腕

手掌

脖子

下巴

嘴

鼻子

眼睛

後腦勺

頭頂

保持呼吸、呼吸、呼吸，清楚意識到自己全身的存
在，自己完整的狀態。

然後將意念集中回到自己的身體，

回到自己的體內，回到脊椎、回到我們自己的脊椎，

清晰地意識到自己身體的中線，維持我們的中線，

清楚地意識到我們的脊椎～

接著，從我們的頭頂，從脊椎開端，沿著脊椎向下、

向下、頸椎、胸椎、腰椎直到尾椎～

將意識集中在尾椎。

「啵～」的一聲，你的脊椎穿出你的皮膚，不斷地
向下延伸、向下延伸、向下延伸，穿越過地表、層
層的泥土、潮濕的水氣，黑暗向下直到地心。

在地心有著大地媽媽，一個讓我們覺得熟悉又溫暖
的發光體，穩穩地對我們發散著源源不絕的愛。光
吸引著我們靠近，尾椎被光環繞著。光沿著脊椎，
跟著一塊塊的骨頭，回傳到我們的身體。

光抵達我們的身體。
光通過紅色的海底輪，
光通過橘色的臍輪，
光通過黃色的胃輪，
呼吸～呼吸～持續感受自己的身體與大地媽媽相連
著，我們的身體從地心聯繫到我紅色、橘色、黃色
的身體之中～
光通過綠色的心輪，
光通過藍色的喉輪，
光通過靛色眉心輪，
光通過紫色的頂輪。
感受自己串連的身體，從大地媽媽源源不絕的愛，
無條件的愛從地心不斷的向上給我們光與力量，讓
我們意識到自己完整的身體，每一個細胞都充滿著
光，散發愛的品質。

感受自己的身體，散發七彩的光，與大地媽媽同樣溫暖的品質。

當我們感受到完整的自己，放鬆的感受充滿身體，我們將光返回。

讓七彩的光沿著我們的頂輪，開始向下、向下、向下，經過我們的頭、脖子、肩膀、雙手、胸口、腰、臀、大腿、膝蓋、小腿、腳底板，再度確認自己全身被光充滿。我們將光集中回到脊椎。

將光集中回到脊椎，讓光沿著每一個骨頭，向下、向下、向下。

穿越泥土、潮濕的水氣、黑暗，回到大地媽媽身上，讓我們彼此的光相容。

再度感謝大地媽媽的愛，讓我們能更安穩地與自己相處。

呼吸～呼吸～呼吸～

帶領自己穿越黑暗，回到出發的地方，再度意識到自己的身體。

感謝大地媽媽陪伴自己。

呼（再深深的吐一次氣）

二、建立與動物的連結

當我們的身體淨化好了，下一步，就準備要建立與動物的連結。所以請你拿出本書工具包裡的動物圖卡，或者另外準備一些動物的圖片或是動物牌卡，野生動物或是豢養動物皆可。圖片盡量是彩色的版本，但是請先不要把你的動物夥伴照片拿出來用，現在還不是他們出場的時機。

在此，也推薦我自己的另一個出版品《春花媽宇宙藥輪》的動物牌卡。這套牌卡構成的元素很簡單：文字、顏色跟動物。卡片請掌握這個原則：「**清楚的顏色與趨於寫實的動物**」，不管是哪一種動物牌卡都很好，**只要是你喜歡的動物牌卡**。

接著請你一張接一張慢慢地看，仔細觀察動物的型態、色塊分布，好好體會每一張牌卡拿在手上的時候，你的感受為何，你的感受具體為何？

是覺得溫度有變化？還是有重量感？或是有其他身體方面的感受？不論是哪一種，請感覺自己的身體是如何回應這些顏色與動物，放開來讓自己的身體好好感受。

請試著開放淨化完的身體，去感受這個身體如何接收訊息，讓訊息通過，使自己可以了解。你必須先細緻的感受自己接

觸到動物牌卡時的變化，你要先學會解讀自己。是解讀，不是詮釋或是猜測，所以請把自己的感受完整清楚地說出來。

例如：
當我手上拿著有藍色圈圈的蜥蜴牌卡時，先是覺得手有點熱，同時感覺有點重，微微的一點重。再拿一會兒，就越感覺到它的重量，溫熱的感覺也變得更明顯。

不管是哪一種感受，重點是你自己要試著去感覺，對自己說明，未來才能對他者說明。

建立與動物的連結，可以透過牌卡或是動物圖片的練習。練習不是用看的，而是用感覺，用身體去感覺哪些動物其實跟你很親近。你的身體會下意識地覺得親近，或是可以更明顯地感受到動物的力量。這些有緣的動物，搞不好都是跟你很親密的動物朋友唷～

三、直覺感受牌卡

接下來就是愉快的遊戲時間，讓我們洗牌，讓動物在你手中
流轉，然後抽出一張動物牌卡。先不要把牌翻開來看，用身
體的直覺去感受，他是什麼樣的動物，擁有什麼顏色？

花點時間讓自己的身體接受訊息。

讓自己的身體接受訊息。

感受訊息。

說出訊息。

翻開牌卡，確認動物與顏色。

不論對錯，請持續這個練習。然後請嚴格的觀察自己，是不
是開始在用反應猜答案。我們不是賭徒唷～我們是在練習動
物溝通，所以意識要回到身體。接著洗牌，再度感受動物的
存在與樣態，感受他顏色的能量與質地，接著再抽一張、再
感覺。

請反覆進行這個最簡單的練習，使用不同的動物牌卡也可以，
讓自己熟悉用身體直覺與動物接觸，也是一種具體加強與動
物連結的方式唷。

四、直覺都是錯的啦！

以上的練習還順利嗎？動物牌卡的練習是讓你覺得自己很威，
還是覺得：「天啊～我是不是這輩子都學不會動物溝通了？」
少浮誇！你只是缺乏練習，所以沒有經驗陪伴自己而已。來～
我們來釐清那些會打擊你的思考，建立出自己的能力值。

對答案對到心死？

如果你是很順利完成練習的朋友，這段就請你陪陪我們，因
為實際在進行動物溝通時，由於訊息變得豐厚，我們面對的
問題可能會更多，所以學習面對錯誤與挫折，絕對是必要的。

針對以下步驟，詳細地檢視自己發生的事情：

步驟	你可能發生的狀況	春花媽的提醒
拿起牌卡	就已經感受到顏色或是動物	是不是有預期自己想要的
	拿著的時候因為沒感覺就開始亂想	不夠專心吧你
	感覺到一個顏色就想回答	再等等，讓直覺更加擴散，你可以感受得更多，不要急啊
	感覺很多，不知道要講哪一個	這就是一個訓練耐心的時刻，請等能量歸檔再說話
翻牌	先嚇到，因為答錯了	會嚇到就是得失心太強
	一直看自己答錯的地方	重點不是答對
	一直看自己答對的地方	你很棒，但是我們也要知道哪裡錯
	思緒還停留在上一次的回答錯誤裡	那你現在在哪裡？你在當下啊！

其實會發生的狀況很多，只是我們容易停留在「我答錯」，然後心情上有很多起伏。但是本節直覺練習最大的重點是：「過程重於結果。」因為我們才開始練習用直覺這種語言來溝通，所以剛開始會掌握不到語感，或是無法理解自己的表達，都是很正常的。但是記得嗎？在動物溝通之中，我們是自己最好的夥伴，所以我們要先理解自己，找出跟自己直覺對話的能力，這樣未來落實到動物溝通中，才能成為清晰的管道。

所以剛剛又錯了是不是？太好了！我們找到具體的方式跟自己對答案，原來我的直覺有更遼闊的表達力，我有很多空間可以發揮，實在太棒了啊！

觀察自己的重點與態度

回到審視自己的過程，多練習幾次後，我們可以快速的讓情緒通過。現在就讓我們一起來檢討，在用直覺感受動物牌卡的時候，發生了什麼事：

▌急著找答案

「答案真的不是重點」，請試著跟自己說三次，然後感覺自己的心跳平穩後，我們再繼續。

重點是觀察自己在過程中，如何開始建構直覺的語感？像是：在你拿到牌卡的時候，先感受到的是溫度、重量還是身體哪

裡覺得很有感應，然後用「為什麼？」去建構出那條說明的路徑。

因為在動物溝通的過程中，動物所回答的，很有可能並不是你提出的問題，但是他的回答可以讓你意識到生活中其他的細節，所以重點是：過程中你接受到一切，不要因為服務問題就被問題打倒了，我們是服務動物來跟家長溝通的動物溝通者，不是專屬於家長的問答機器。

▌累積負面感受無法排除

那就先暫停練習，但只是現在不用練習，不是說不能做，也不是說你以後都不要做了。

任何學習在一開始都是困難的，所以如果你還找不到讓自己安心的方法，我們就試著休息一下，或是換一副牌卡，或是先拿三張練習就好。重點是透過簡化來釐清自己，不是把自己當怪物，一遇到關就往自己猛打。人生中挫折的事情太多，動物真的沒有要這樣對待我們，我們只是因為缺乏動物溝通的語感而已，沒有人剛開始學講話就可以很流利的～

但是話說回來，你是不是也太習慣負面情緒，或是糟蹋自己？請原諒我這個詞用得如此之重，我要表達的是，對自己嚴格沒關係，鞭打自己卻很難進步。面對挫折是讓我們可以準確

地面對問題而已唷。

所以回到上一個小節，你在哪裡出問題，就把問題放在那邊集中解決，不要花過多情緒去反應問題。直覺都是可被好好感受而解讀，而自責的情緒沒有邊界。

請成為自己最好的夥伴，建立自己的除錯 SOP，回歸中性態度；動物永遠都在，他們真的很愛我們，請你對自己更有耐心一點，晚點溝通，也是甜的。

小結

直覺的練習可以落實身體的感受，也可以是腦中意識的連結。
在本章的練習中去感受自己哪一方面比較強，讓那樣敏銳的
感受也擴散到另一端。越能讓直覺火力全開的感受訊息，在
動物溝通接收訊息的時候，你將發現，動物會比你更積極的
想要跟你聊天。

寫給初學者的小重點

不順跳過也沒關係，但是不要一直罵自己。

寫給溝通老手的祝福

這種基本的練習，會讓你長期忽略的細節現形。

這格留給你

喜歡直覺練習哪一個環節，寫下來，這是未來很好
的養分唷。

第 II 章 —— 具體溝通步驟

Section 1

建立安全的場域

本章節我們正式進入動物溝通的準備工作，所以有一些物件需要先準備好，你也可以在準備這些物件的時間裡，思考一下自己是不是真的準備好了。如果還沒，或是覺得有些緊張不確定，就多翻翻之前的章節，或是再做一些直覺練習都是好的。

只要你準備好要溝通，動物不曾遠離，所以完全不用擔心何時出發。

一、溝通前需要準備的工具

在正式進入溝通之前，我們需要準備以下物件，來幫助自己和動物溝通：

● 溝通對象的名稱。

● 溝通動物夥伴兩張以上的清晰照片。

A. 眼睛清楚的正面照一張。

B. 脊椎清楚的全身照一張，眼睛可以不用看著鏡頭。

- 五個以上的問題清單，需要有明確的答案。

舉例：平常吃的飯是乾的還是濕的、家裡動物用的廁所是什麼款式、貓跳台有幾層……等。

- 自己的筆記工具。

- 可以飲用的水

- 讓你安心自在的場地。

- 協助放鬆的音樂，或是自己喜歡的香氛或是礦石。此項不是必需品，只是想要跟你說，任何可以讓你放鬆的物件都可以是你的好夥伴。

工欲善其事，必先利其器，所以準備好這些東西，都可以讓你在面對資訊流通過來的時候，好好為自己服務。

也許也有人會好奇，如果我要溝通的動物就在我面前，一定要用照片嗎？建議在尚未熟練之前，先用照片會比較好，也可以避免因為互動的習慣，動物可能會打斷你的溝通過程。

以下，春花媽提供兩種方法給大家練習，一來透過對比可以感受出自己的專長，二來是讓動物也可以多一種選擇。所以建議大家還是要多方練習，以便未來當不同的動物靠近我們的時候，因為我們的充足準備而可以安心聊天唷。

二、動物溝通場域的建立：
大地之母——樹之場域

本章節為冥想的方式，大家可以先用閱讀的方式來理解，也可以自己先錄音，讓自己的聲音引導自己。重點是先建立路徑，多練習幾次，讓自己成為一個好的咖啡廳老闆，讓動物夥伴都願意來到你的場域好好聊天唷～

大地之母：樹之場域

冥想內容

在正式開始之前，先用呼吸打開我們的身體：

調整好坐姿。

喝一口水，分三口吞下。

輕閉雙眼。

先深吸深吐三個呼吸。

呼吸～

呼吸～

呼吸～

吸，吐～吐出那些不屬於你的流動，讓它回歸於天地之中。

吸，吐～吐出那些多餘的理性，讓它回歸到自由的流裡。

吸，吐～吐出那些空虛的懷疑，微笑著送它離開你身體。

吸，吐。

吸一大口，吐，吐到你的腳踝，清楚的感受自己意識，隨著氣體下降到你的腳踝。

吸一大口，吐，吐到你的膝蓋，清楚地感受自己意識，隨著氣體下降到你的膝蓋。

吸一大口，吐，吐到你的胯骨（就是你的屁股），清楚地感受自己意識，隨著氣體下降到你的胯骨。

吸一大口，吐，吐到你的手腕，清楚地感受自己意識，隨著氣體下降到你的手腕。

吸一大口，吐，吐到你的手肘，清楚地感受自己意識，隨著氣體下降到你的手肘。

吸一大口，吐，吐到你的肩膀，清楚地感受自己意識，隨著氣體下降到你的肩膀。

吸一大口，吐，吐到你的頸椎，清楚地感受自己意識，隨著氣體下降到你的頸椎。

大大吸一口氣，吐氣的時候，感覺到自己全身都是連在一起的。

當你清楚自己的全身都是連在一起，你用全身的眼（視覺）、耳（聽覺）、鼻（嗅覺）、舌（味覺）、身（肉體感知）、意（意念的接軌）來進行溝通。接著請保持這樣的身體感受，仔細地看著眼前動物的照片，用心的記住細節：他的眼睛是否是同樣的顏色、大小？頭上的毛色是單一色系還是有細微的

色差？腳掌是否顏色都相同？腳底肉球的顏色呢？
仔細看著照片上的訊息，記錄下來。

請你吸，吸氣，感覺自己慢慢地下降、下降、下降，
穿過地板、穿過路面、穿過黑色的泥土、紅色的泥
土、黃色的泥土。呼吸，呼吸，穩定的下降，經過
濕潤的泥水、潮濕的水氣，越來越熱的地心，你慢
慢地下降到地心。

在地心有一團光，一個讓你覺得熟悉又溫暖的光，
在你到達的時候，輕輕將你包圍，讓你身在光中。
他是大地媽媽，是地球的中心，是無條件的愛，是
你最好的陪伴。

你輕輕將自己放入光中，融入、融入、融入，用手
掌，接著手臂，慢慢的將身體都放在石頭上，讓自
己的全身的重量，所有的你都放在石頭上，試著感
受大地媽媽對你全然的包容與支持。

清楚的感受到自己是被愛的，感受自己全然地被愛
包覆著，然後你開始縮小、縮小、縮小，變成一顆
小小的種子，一顆小小小的種子，意識到自己是一
顆在大地媽媽身上的種子。

然後你的身體開始吸取大地媽媽的能量與愛，越來越多、越來越多。你感覺到自己逐漸地發脹、發脹，越來越多的力氣充滿的你身體，充滿你種子的身體，越來越多、越來越大、越來越大、越來越大～

「啵！」你感覺自己冒出了根，你的根穿越你的種皮，冒出來，直接連繫著土地。然後越來越多根，越來越多根，越來越多根，連接越來越多的土地，你感覺自己越來越有力，越來越想長大、越來越想長大，你不斷的向上冒、向上冒，你感覺自己的種子身體不斷的向上、向上～

「啵！」你冒出了土壤，你長出了芽，更多的力量從地心、從大地媽媽、從你的根源源不絕地向上、向上、向上傳遞。你感覺自己越來越大、越來越大，細小的身體變粗，你的枝枒長出了葉子，葉子不斷開展出更多分枝與葉子。你的樹幹身體越來越壯大，越來越開，冒出更多的、更多的枝枒，枝枒再分支枒，更多的葉子不斷地出現，你變成了一棵亭亭華蓋的大樹，濃密的樹葉被風吹的沙沙作響，濃密的樹陰讓土地變得清涼，你清楚地意識到自己是

一棵壯大茂盛的大樹，看見自己，意識到自己的樹、自己的樹身體。

然後請將你的意念集中、集中、集中收束回到你的身體之中，你的人類身體之中。你看到自己從樹的中央走了出來，從你的樹身體之中，走了出來，在樹葉下、在樹蔭上，你站在你的樹的面前，享受樹圍繞著你，清楚的看到這個畫面，意識到樹、樹蔭下的你自己。

你在樹葉下、樹蔭上，你在其中。

清楚地看到自己存在在場域中，感受自己的自在與力量，撐起這片場域。

當你清楚自己的能量，接著我們要練習回收場域。

將意念再度集中回到自己的身體裡，回到身體轉身走回樹中間，與樹融為一體。

會有一陣風吹過，樹葉慢慢地掉落、掉落，掉落到地上，枝枒乾枯、乾枯，乾枯掉落，掉落到地面。樹幹慢慢地傾斜、傾斜，倒回地面上，被大地吸收、

吸收、吸收、吸收。你隨著樹開始向下、向下、向下，在向下的過程中慢慢變回種子，一顆小小的種子，落在大地媽媽身上，媽媽給你很多、很多的愛與力量，你慢慢變回人，趴在媽媽身上的你，變回原本的你自己。

當你清楚意識到自己的人形，再度感謝大地媽媽的陪伴與支持，謝謝、謝謝、謝謝，你會感覺大地媽媽輕輕抬起你，呼吸～向上、呼吸～向上、呼吸～向上，穿越水氣、泥水、黃色的泥土、紅色的泥土、黑色的泥土、地表、路面，回到你的空間、你的座位、你的身體之中。

請～清楚的意識到自己全然的回歸，然後喝水、喝水，慢慢小口地喝水。
安穩的陪伴我回到自己之中。

樹之場域 ── 簡易版冥想

深呼吸，調整自己的狀態。

先觀想空間中的自己，確定自己的定位，感覺自己舒服地下沉。

下沉的過程中你慢慢縮小，縮小到變成一顆種子，掉落在大地媽媽身上，接受大地媽媽的寵愛與祝福，直到感覺自己的能量無限爆發，讓你爆發地長出樹根纏繞著大地。

同時也往上長，往上、往上，冒出了芽，葉面逐漸舒展開來，你不斷地長大，樹幹加粗，枝枒長出更多枝枒，冒出更多的葉子。微風吹過，太陽照耀著你。你看見自己有濃密的樹蔭。

你在樹葉下、樹蔭上，你在其中。

將意識集中回到自己身上，本人回到樹裡，微風吹過樹葉落地，太陽的熱讓樹幹開始乾枯掉落，回歸大地。

你越來越矮、越來越小，你往下沉，變回種子回到大地媽媽身上，接受祝福。

再慢慢地回來，讓自己回到原地。

建議大家做完這個冥想，可以先在這樣的狀態待一會兒，感受自己成為樹時留在身體的穩定感，那也是動物喜歡的感受。

三、動物溝通場域的建立：
天空之父──光之場域

跟樹之場域相同，建議大家可以先用閱讀的方式來理解，也可以自己先錄音，讓自己的聲音引導自己。重點是先建立路徑，多練習幾次，讓自己成為一個好的咖啡廳老闆，讓動物夥伴都願意來到你的場域好好聊天唷～

天空之父：光之場域

冥想內容

在正式開始之前，先用呼吸打開我們的身體：

調整好坐姿。

喝一口水，分三口吞下。

輕閉雙眼。

先深吸深吐三個呼吸。

呼吸～

呼吸～

呼吸～

吸，吐～吐出那些不屬於你的流動，讓它回歸於天地之中。

吸，吐～吐出那些多餘的理性，讓它回歸到自由的流裡。

吸，吐～吐出那些空虛的懷疑，微笑著送它離開你身體。

吸，吐。

吸一大口，吐，吐到你的腳踝，清楚地感受自己意識，隨著氣體下降到你的腳踝。

吸一大口，吐，吐到你的膝蓋，清楚地感受自己意識，隨著氣體下降到你的膝蓋。

吸一大口，吐，吐到你的胯骨（就是你的屁股），清楚地感受自己意識，隨著氣體下降到你的胯骨。

吸一大口，吐，吐到你的手腕，清楚地感受自己意識，隨著氣體下降到你的手腕。

吸一大口，吐，吐到你的手肘，清楚地感受自己意識，隨著氣體下降到你的手肘。

吸一大口，吐，吐到你的肩膀，清楚地感受自己意識，隨著氣體下降到你的肩膀。

吸一大口，吐，吐到你的頸椎，清楚地感受自己意識，隨著氣體下降到你的頸椎。

大大吸一口氣，吐氣的時候感覺到自己全身都是連在一起的。

當你清楚自己的全身都是連在一起，你用全身的眼（視覺）、耳（聽覺）、鼻（嗅覺）、舌（味覺）、身（肉體感知）、意（意念的接軌）來進行溝通。

接著請保持這樣的身體感受，仔細地看著眼前動物的照片，用心記住細節：他的眼睛是否是同樣的顏色、大小？頭上的毛色是單一色系還是有細微的色

差？腳掌是否顏色都相同？腳底肉球的顏色呢？仔細看著照片上的訊息，記錄下來。

接著請你吸、吸氣、吸吐，再次意識到自己的身體，感受自己的全身是相連的，腳趾到膝蓋，膝蓋到胯骨連接到你的腰，延續到胸腔，連接到臉到你的腦，你的全身與你的意識相連著。

吸氣～吐，深深地吸一口～深深地吐氣，大力地吐氣，然後你會感覺自己，感覺自己逐漸變得輕盈。

我們持續地吸氣，吐氣～身體越來越輕，吸氣，吐氣～然後我們飄了起來，飄到天空之中，感受輕盈的自己在風中凝聚的意識，輕盈但清楚的意識，持續往天空中飄浮、飄浮、飄浮。

我們仰望天空，在這片天空之中，找到專屬於你的星體。他可能是星星、月亮或是太陽，在這片天空之中，必定有專屬於你的星星、月亮或是太陽。找到他，找到專屬於你的星體，請求他的光分享給你，請求他的光照到你身上，讓你全身都充滿了光。

你全身的每一寸、每一個角落、每一個縫隙都充滿了光，清楚明白地在光之中顯化你自己，連陰影都

129

是黑得發亮。你在光中，光體在你的頭頂，形成一個光柱，你在光之中，你清楚地感受自己是光的一部分。

發光的星體、光柱，你在其中。

清楚地看到自己存在在場域中，感受自己的自在與力量，撐起這片場域。

當你清楚自己的能量，接著我們要練習回收場域。將意念再度集中回到自己的身體裡，感謝星體的分享，將光返回星體，感謝他的光照亮你溝通的坦途。光逐漸淡去，你的四周慢慢暗下來。持續保持呼吸，感受自己的意念慢慢開始有了重量，自然地下降、下降、下降。

吸氣，吐氣，吐氣，讓意念慢慢回到身體，回到你所在的空間，全部的你，完整的回歸，帶回自己的重量回到身體之中。

請～清楚地意識到自己全然的回歸，然後喝水，喝水，慢慢小口地喝水。

安穩的陪伴我回到自己之中。

光之場域 ── 簡易版冥想

深呼吸，調整自己的狀態。

先觀想空間中的自己，確定自己的定位。

吐氣，持續深深地吐氣讓自己變得輕盈，你輕輕揚升飄浮，飄浮在空中。

在這片天空之中，有專屬於你的星體，可能是星星、月亮或是太陽。

請從他們身上引下專屬於你的光源，

讓光照亮你身體的每一個部位，連黑暗的部位都被照亮，感覺自己的輕盈充滿力量，

清楚地感覺自己跟光體形成一個光柱，你在光柱之中清楚看見自己的存在。

發光的星體、光柱，你在其中。

場域建立完成，回收的時候將光返回，讓自己四周慢慢暗下來，感謝光的陪伴。

再慢慢地回來，讓自己回到原地。

四、特殊場域：黑暗洞穴

這個場域非常特別，無法單獨開啟，是需要在天空之父或大地之母的場域內開啟，所以如果這兩個場域尚未熟練，建議先不要練習黑暗洞穴的場域。

為什麼會有這麼特殊的要求呢？

因為這個場域是針對「心靈受創或是身體嚴重受虐」的小孩的專屬場域。在這個場域之中，他們可以不用服務家長的問題，可以胡亂說話，可以全然地釋放情緒。所以當我們溝通者願意為了動物夥伴打開這個場域，意味著我們是以陪伴多於要求的溝通，並且也不是透過急切的安慰，希望動物可以盡快變好。

洞穴這個空間是為了釋放而存在，先能好好釋放，才能溝通，所以在這個場域之中的動物不是一種理性的存在，而是一種感性的狀態。而我們所能做的，是認同他的黑暗，也就是我們要承認他受傷的過去，站在他的身邊，讓他用他的方式去消化過去。

然後在看見裂縫的瞬間，看見他也願意放過自己的瞬間時，**我們必須挺身出來陪伴他，但是絕對不是希望他盡快好起來，**

成為一種過分營養的雞湯，或是積極期望改變的人。

受傷到無法言喻的動物，極可能連面對的勇氣都沒有，所以不要輕易地對他說「忘記過去，現在變好」，否則你是在提醒動物夥伴：「你現在還不夠好。」這不是幫助，而是要求。對一個還在受傷的動物夥伴來說，你的善良太銳利了！

所以慎重地警告大家，洞穴是我們可以學會，但不一定要使用的場域內的場域。不要把才能變成武器，要讓自己的才能變成服務動物的工具。

場域內的場域：黑暗洞穴

冥想內容

在正式開始之前，先用呼吸打開我們的身體：

調整好坐姿。

喝一口水，分七口吞下。

輕閉雙眼。

先深吸深吐三個呼吸。

呼吸～

呼吸～

呼吸～

讓自己回到中性的存在，展開天空之父或是大地之母的場域。

穩定場域後，將雙手放在海底輪，感受黑暗的洞穴是否願意出現在場域之中。

黑暗的洞穴如果願意出現，你會感覺到手有震動感，洞穴會在你的手中開始擴散，外面會被黑色的霧氣包圍，然後你會融入霧氣之中，進入黑暗洞穴。

進入黑暗洞穴後，先安放好自己，確認自己全身的
存在是自在的，不會因為黑暗而產生情緒，可以持
續維持中性的狀態。

每一次練習都要比上一次開啟這個場地更久，讓自
己更習慣被黑暗包圍。

當你清楚自己的能量，接著我們要練習回收場域。

雙手摸向心輪，感受自己喜歡動物的心意，那心意
會發光，光會引導你走出黑暗洞穴，讓你回到你的
場域。

當你確認好全身都回到原本出發的場域後，用你的
自己呼吸，用你的節奏回到出發點，回到原地。

黑暗洞穴 ── 簡易版冥想

深呼吸，調整自己的狀態。

先觀想空間中的自己，確定自己的定位。

開啟天空之父或大地之母的場域。

從海底輪召喚黑暗洞穴的場域。

接受霧氣引導進入黑暗洞穴。

感受自己存在後，用心之光引導自己離開洞穴，回到原始的場域。

意識到自己完整的存在，解除天空之父或是大地之母場域回到原地。

小結

場域練習是溝通的基本，越能夠熟練地打開場域，就越能與動物穩定地在場域之中放鬆聊天。所以花時間把這個冥想練到一秒就可以打開，是一個具體可以嚮往的目標唷。

並且重要的是，有出發就一定要回來。如果你的冥想不慎被打斷，不要停留在那個斷裂點，而是要回到出發的起點，讓自己回到安穩的狀態，而不是突然的結束。

寫給初學者的小重點

兩種方法都要練習～不要急著擁抱黑暗。

寫給溝通老手的祝福

黑暗洞穴並不是在邀請英雄，而是在儲備陪伴者的存在。

這格留給你

直覺喜歡的方法多練，讓自己開心的學習。

Section 2

建立親密的空間

延續前一節的場域建立，當我們熟練之後，下一個階段我們
要練習的，是在安全的場域「之內」，「再」建立緊密的空間。
讓我們在一個親密的，但是有禮貌的距離之內更靠近彼此，
讓我們用最放鬆的方式展開管道，釋放訊息。

一、神聖第八脈輪光圈

在第Ⅰ章 Section 2 中（見 P.59）我們提到了七大脈輪，在
這裡，我們繼續延伸介紹「第八脈輪光圈」。

第八脈輪的位置，約略在我們「頭頂上方一個拳頭的高度」。

所以請你先將左手握拳，輕輕地放在頭頂正上方，然後右手
反掌，手心向上，將左手的拳頭移開，讓右手騰空在上，並
且稍微上下移動一個手掌左右的高度。

此處的空氣會顯得有點不同，每個人的狀態不太一樣，有些人是會感覺空氣變緊，有些人是會感覺溫度不太一樣，請仔細地感受這股位於你頭上的細緻能量。

當你可以感受到第八脈輪的能量後，將手停留在這個位置，另一隻手也靠近，讓兩手的掌心向外，從你的頭頂向外劃一大圈，直到包圍你整個身體。先停留在這個狀態，感覺自己被輕盈地包裹著。

人體脈輪圖

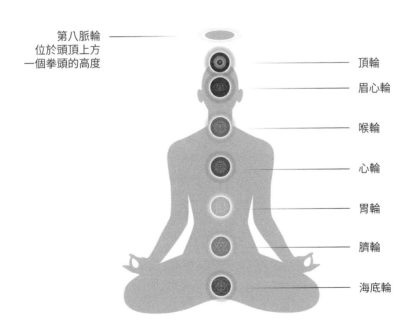

第八脈輪
位於頭頂上方
一個拳頭的高度

頂輪

眉心輪

喉輪

心輪

胃輪

臍輪

海底輪

141

第八脈輪的能量，每人、每天的狀況可能都不太一樣，所以如果在不同的時間，或是不同的狀態去感受時，會有不一樣的體驗。第八脈輪光圈會隨著你的能量變弱，或是狀態改變而自然散開，所以不用特別去解開，但是建議大家可以多多觀察自己的能量場，也可以搭配天空之父或大地之母，看看哪一種方式的結合運用在你身上，在動物溝通時能得到更多的支持。可以多多嘗試這細緻的差異，當你更能感受差別，這也是一種了解自己的方式唷～

二、喜悅的心之光圈

心之光圈也是你本來就擁有的能量，從你出生開始累積對動物愛的能量，都一直在你心中。

心之光圈就在我們心輪之中，所以請先將雙手放在心輪上，感受自己的心有滿滿對動物的愛，以及與動物溝通的慾望；然後，將那樣的能量集中、再集中，然後從集中的心之能量拉出一個泡泡，從你的心，拉、拉、拉出一個粉紅色的泡泡。它泛著柔軟的金光，光是看到就會露出滿足的微笑，是讓動物喜歡的光圈。

每個人心之光圈的品質也不一樣，基本上一開始都會以粉紅泛著金光的方式呈現。隨著能量趨於穩定，或是內在潛能的發揮程度，可能會有其他的顏色。不管是哪一種顏色，都是對愛的品質的表達，所以請在看得到顏色的時候，也以另一種方式理解自己的能量。

大家可以感受到，「第八脈輪光圈」和「心之光圈」是兩種比較小的圈圈吧～沒錯，這是動物溝通場域的第二道保護，**也是讓動物可以更專注在溝通的一道隔音牆。**

上一節介紹的天空之父與大地之母都是較為巨大的場域，相

當於咖啡廳；而心之光圈跟第八脈輪光圈等於是咖啡座，相當於我們在一個安全的地方溝通，又能擁有自己包廂的那種感覺，所以有機會能增加動物對我們的信任。不管是聊多私密的話題，或是談談帶點恐懼質感的事情，或是擔心被罵的小事都可以。

我們透過有防護的保護罩，增加對動物夥伴的支持感，讓他覺得我們是先站在動物那一邊，然後向動物傳遞人類想要的訊息，讓他可以不費力地表達，好好地說出來。

小結

這兩種方法：心之光圈與第八脈輪光圈都可以跟上一節的方法合併使用，也就是說，兩種光圈都可以開在天空之父的光中，也可以長在大地媽媽的樹下。

請將兩種方法都練到熟悉。那種熟悉的感覺，講得可愛一點，就是長出有味道的場域，讓動物可以跟你交換你的味道。

寫給初學者的小重點

從喜歡的開始練也沒問題,但是兩種都要練習唷。

寫給溝通老手的祝福

多嘗試跟陌生動物溝通吧,特別是真正生活在野外的動物,而不是圈養在動物園的野形動物。

這格留給你

也請將自己好好地保護好,在每一次的溝通之中。

Section 3

溝通管道

現在進到具體溝通的第三個環節,建立溝通的管道,所以我
們要正式進入溝通囉。

這一節要做的事,就是在溝通的過程中與動物產生連結。形
容得可愛一點,就好比是好好牽著手聊天,或靠近對方的耳
朵聊天,讓我們之間交換的訊息,可以更精準、清楚的傳遞
給對方。

在這裡一樣提供兩種方法給大家參考,也是兩種都要練習才
可以。溝通的豐盛是為了讓動物更有所依,可以盡情的發揮,
所以讓自己成為一種有所選擇的狀態,動物就能更輕鬆。如
此一來,我們在現實生活與溝通之中,最想要完成的目標都
會達成,不是很棒嗎?

一、動物尾巴

當我們準備好溝通的場域「天空之父」、「大地之母」，帶動物進入專屬我們的座位「第八脈輪光圈」或「心之光圈」，下一步就是長出溝通的管道，具體與動物夥伴產生連結，第一個方式就是「動物尾巴」。

先將意念集中回到自己身上，清楚地意識到自己的存在，感受到自己的全身，理解你就是自己最好的夥伴。接著，將意念集中回到自己的脊椎，從頭骨順著下滑到頸椎、胸椎、腰椎，然後到尾椎，將意念集中在尾椎，不斷地累積能量。

「啵！」的一聲，你的尾椎穿透了你的皮膚，**你長出了一條動物尾巴。**

花點時間跟你的動物尾巴相處，這個尾巴是你的一部分，是你溝通意識的延伸。尾巴的形狀會根據你溝通的對象而有差異，享受每一次的變化，專心的建立連結即可。

不管你的尾巴是什麼形狀，請清楚地感受尾巴是你的延伸，所以你可以輕易地讓尾巴移動，或是環繞你的身體。即便它是短短的尾巴，你也可以感受到自己可以控制它的小小移動。當你清楚尾巴是你的一部分，是根據動物的需求而長出來的「電話線」，下一步就是將電話線連接到動物夥伴身上。

先讓溝通的動物夥伴清楚地看見你的尾巴，並讓對方有時間看清楚尾巴是連在你的身體上，是你用來接受訊息的工具，然後再讓彼此的尾巴相連。

當尾巴穩定相連，溝通展開，請享受這個溝通的過程。

二、心之連線

當我們準備好場域「天空之父」、「大地之母」，帶動物進入專屬我們的座位「第八脈輪光圈」或「心之光圈」，下一步就是長出溝通的管道，具體與動物夥伴產生連結。

第二個方式就是「心之連線」。

先將意念集中回到自己身上，清楚地意識到自己的存在，感受到自己的全身，理解你是自己最好的夥伴。接著，將意念集中回到自己的心輪，感受到自己的能量，而在其中可以感

受到你對動物的愛，光是透過將手放在自己胸前，就因為這份能量而歡喜地微笑。延續這份喜悅，**從你的心，拉、拉、拉出一條粉紅色帶著金光的線。**

這條金線是你愛的能量的顏色，柔韌有彈性，可以輕易的延伸。請讓你的線自在地釋放光芒給要溝通的動物夥伴觀察，當他們也開始用目光追逐著線，就可以將線輕輕帶往他的心上，讓你們的心與心連結。連結產生，溝通開始。

三、更多提醒

要與野生動物或是流浪動物溝通時，動物尾巴相對來說更為適合。因為他們的生活習性，需要你先表明自己是怎樣的動物，他才好做出相應的反應。一般來說，家養動物特別是自己的小孩，初期如果使用動物尾巴，他們的反應通常會有點大，或是說可能會被嚇到，因為他們沒見過人類長這樣。所以我建議，剛開始跟家裡的動物夥伴溝通時，可以展示動物尾巴這個溝通管道，但是對方如果不是很願意，不用急著溝通，可以改用心之連線來試試看。

如果要溝通的動物沒有尾巴怎麼辦？
不用慌張，往他的四肢帶，或是用尾巴稍微環抱他的身體也可以。如果你的尾巴比較短小，那就讓你的尾巴連接到他的身體，只要觸碰得到，就可以溝通。對方都已經願意跟你溝通了，不會長出為難你的尾巴，所以不妨試著超越自己的限制，好好連結吧～

心之連線基本上適合所有的溝通對象，因為喜歡動物的能量是很容易被辨識的。即便你跟我愛動物的方式不同，對動物來說，在第一時間發現你的善意是很容易的，這是他們生活的基準，所以只要準備好自己的心，讓自己可以放鬆地去面對溝通即可。

小結

當你熟練之後，如果可以同時展示兩種連線方式，讓動物選擇也很棒。當然，如果你熟練到可以一次開啟兩種管道，同時連接到動物夥伴的身上，這也超強，因為這樣訊息的接受會更完整，但是前提都是「動物願意接受你的方式」。

不要為了讓自己可以更清晰地接受訊息，而忘了好好說話。很重要的一個環節是要讓對方用舒服的方式陳述，溝通是兩端都需要開啟才會通，單方面的追求答案，是一種壓迫，而不是溝通唷。

寫給初學者的小重點

動物尾巴每次的形狀都不同，是因為溝通對象喜好的關係，這也是一種認識他的方式唷，請留意這個細節。

寫給溝通老手的祝福

如果你有自己的方式，也請試著將它們融合使用，看看是否會有不同的訊息傳遞方式發生唷～

這格留給你

正式進入溝通了，請讓自己更有意識地放鬆唷～

Section 4

完成一場動物溝通的流程

第Ⅱ章的 Section 1 到 Section 3 都是用細部分解的方式，跟大家介紹完成動物溝通的過程。本單元就是完整的過程統整，讓大家可以更清楚整個溝通的流程，方便執行。

在正式進入溝通之前，我們需要準備以下物件，來協助自己與動物溝通：

- 溝通對象的名稱。
- 溝通動物夥伴兩張以上的清晰照片。

  A. 眼睛清楚的正面照一張。

  B. 脊椎清楚的全身照一張，眼睛可以不用看著鏡頭。

- 五個以上的問題清單，需要有明確的答案。

  舉例：平常吃的飯是乾的還是濕的、家裡動物用的廁所是什麼款式、貓跳台有幾層……等。

- 自己的筆記工具。

- 可以飲用的水

- 讓你安心自在的場地。

- 協助放鬆的音樂，或是自己喜歡的香氛或是礦石。

最後一項不是必需品，只是要想要跟你說，任何可以讓你放
鬆的物件都可以是你的好夥伴。

〈 動物溝通流程 〉

1. 在自己安心的地方，好好的坐穩，調整身體，好好呼吸讓自己自在。

2. 喝水，讓自己身體有流動感。

3. 觀看動物夥伴的照片，記住對方的樣子、名字，關於長相的細節記得越清楚愈好。

4. 凝神閉目，開始靜心。

5. 開展場域「天空之父」或「大地之母」。

6. 在場域內啟動隔音牆「第八脈輪光圈」或「心之光圈」。

7. 將意識集中回到自己身上長出管道「動物尾巴」或「心之連線」。

8. 邀請動物夥伴來到場域，來到你的面前，清楚感受對方的出現。

9. 將管道與動物夥伴的身體相連，溝通展開。

10. 簡單自我介紹後，讓對方先用自己的方式陳述，再問
　　問題。

11. 溝通結束後謝謝動物夥伴的陪伴與回答。

12. 收回管道。

13. 收回隔音牆。

14. 收回場域。

15. 用自己的呼吸，用自己的節奏回到出發的地方。

16. 調整好狀態再睜開雙眼。

17. 喝水。

18. 記錄溝通的過程。

19. 反饋溝通的內容。

20. 結束一場動物溝通。

〈動物溝通者基本守則〉再體會

在經歷準備好自己溝通之後，在經歷許多甜蜜與挫折的資訊交換後，在經歷許多自我質疑後，在真的接受到動物的世界後，對你來說，你本來相信的事情還能理所當然的存在嗎？

請再為自己多多閱讀幾次動物溝通者的基本守則，這是一個輕巧的磚頭，用禮貌而深入的方式敲入關係之中。

〈動物溝通者基本守則〉是由春花跟春花媽共同編排：

1. 我們共享宇宙地球，於此之中所有的「存有」，都是我們關心的對象。

2. 對所有的動物夥伴一視同仁，懷抱著愛，就算一輩子都不會見到彼此，就算一輩子無法習慣或害怕對方，也尊重他的存在。

3. 動物溝通者的存在，是幫人類了解動物和嘗試改善相處的困境，而不是「讓動物變成人想要的樣子」。

4. 當我開始「感知動物」的時候，我會更有意識地「覺知」對方的需求與感受。

5. 春花媽認為，動物溝通者是以動物的感覺為主，努力向人類夥伴傳遞動物的需求，並協商出共同生活的標準。

6. 在溝通中，我不把我視為問題的地方，當成衡量別人的標準，因為「你的標準，不一定是對方家庭幸福的依據」。

7. 誠實面對自己在溝通中的情緒，是因我還是因為他人而起，記錄下自己的起心動念，謝謝動物讓你體驗此刻的感受與情緒。

8. 溝通的目的是創造和諧的可能，「不是」以解決問題為主。

9. 拒絕任何形式的暴力加諸於動物身上。

10. 在進行溝通的時候，全力以赴；當個案結束，「祝福圓滿後，全然放手」。

11. 會加深傷痛的事情，不一定是需要被說明的訊息。

12. 個人隱私不該被具名討論。保障對方的權利，也是保障自己的權利，這是溝通者最基本的道德標準。

13. 醫療相關問題要請醫生確認，動物溝通無法取代醫生。

14. 在溝通中面對不自信的時刻，請「練習」相信自己與動物。

15. 溝通不是為了說服人類夥伴，而是傳遞動物所想要表達的心意。

16. 愛是一種需要落實到生活的行動，才可以被感覺。所以該讀書，該學習，該校準觀念，不要以為感知到就可以任意行動！

17. 「請」持續探索世界上所有動物與植物的想法。

18. 當你成為一個溝通者之後，請你理解：不管是對人或是其他動物或是你自己，都需要更「溫柔」的相待。提供更多「體貼」可以從自己做起，尊重一定會被傳遞出去的。

19. 謝謝自己用自己的節奏完成溝通，傳遞出動物想要的。

20. 謝謝動物選擇你，成就這次的溝通。

※ 每次溝通完，花一點時間為自己靜心，恢復安然狀態。
※ 溝通者「僅僅是」一個中空的管道。

第III章 ——

完成動物溝通之後

感受、感覺與感動

這陣子練習動物溝通的感覺如何？我們想接著談論的是「感覺」。不是談論溝通得好或不好，純粹想問你：溝通的時候，感覺好嗎？重新擁有動物溝通的能力之後，你對自己的感受是如何的呢？

一、感覺與感受

完成一場動物溝通後，不要急著去完成什麼，而是讓自己從剛才的溝通過程中慢慢回神。先讓自己在剛才場域的餘韻之中慢慢地凝聚，然後再擴散到現在身處的場所，讓自己完整地回神。

先感受自己的感受：

- 完成一場動物溝通後，你的體感為何？
- 有從動物身體的體感，回歸到自己的身上了嗎？

- 如果有殘留的感受，可以讓它輕輕地回歸對方，讓你也做回你自己。

接著，我們來稍微爬梳一下動物溝通之中的你：
- 開啟一場動物溝通的你，感覺為何？
- 在溝通的過程中，你的感受為何？

前者要討論的是，你是否有從緊張或是期待的心情中，回到一個中空管道的狀態，讓自己可以好好地陪伴一場溝通？動物溝通在多數的情況下，也可能是一場陌生開發，你有好好收拾自己的狀態，讓自己融入當下嗎？是否能夠有意識地讓自己進入溝通狀態呢？

請找出那個讓自己滑順切換的開關。

後者要與諸位討論的是，在溝通的過程中，你是否因為家長的問題或是動物的反饋而有過多的情緒反應，是否干擾了你溝通的心？

【例】
- 不確定自己是否連線成功，一直質疑自己。
- 連線時覺得很難專心，不管是對方還是自己，會有點慌張。
- 家長一直問問題，打亂自己的溝通節奏。

- 無法有效地讓動物夥伴回答自己的問題。
- 自己家中的動物一直干擾溝通⋯⋯

當這些問題困擾你時，你要如何處理，讓自己回到好的溝通狀態？

在動物溝通的過程中，我們會遇到千百萬種問題～（看到請深呼吸，回到中性狀態）所以我們要成為可以面對問題的人，不要變成被問題解決的人。

面對各種問題的狀況，都要學會先釐清重點為何：

- 整理好自己的狀態優先？
- 安撫動物的狀態優先？
- 還是先請家長協助自己釐清問題的重點呢？

每一個人的需求不同，請回到第Ⅰ章 Section 1 的自我介紹（P.30 - 45）。你是否有好好理解自己，理清楚自己的標準與需求，所以在溝通的過程中，讓自己跟對方都有空間餘裕，跟我們一起面對當下的溝通？

請你換個方式想想動物溝通的過程。這個過程並不是面對面、眼睛對眼睛的一直猛講！我們是一起平行坐著，牽著手一起看著我們共同要處理的問題，所以**溝通者不是承擔問題的人，**

是協助動物與家長看見問題的陪伴者。

這一個轉身的角度很重要，若是搞錯了，那我們就只是想要處理問題的人，而非用動物溝通來陪伴他人的動物溝通者。

所以你在動物溝通時的感受為何，如何可以隨時調整好自己，讓自己回到平行的陪伴，讓自己維持在中性的狀態？當我們越能掌握平穩的節奏來進行溝通，你會發現整場溝通也會是平穩的對談。滑順的溝通是家長、動物與你的三贏，是超棒的體驗唷。

二、以感動取代檢討

在一場溝通結束後，我會建議諸位溝通者先找出「感動」的點。以春花媽為例，我在溝通後回味感動的點，通常有以下這些：

一開始溝通就衝到我面前，踩了我的腳一下然後跑掉！
（噗！也太可愛了吧）

溝通的時候，偷偷舔了我的臉！
（阿姨整個心花開）

一開始無法回答的問題，突然願意說出來。
（謝謝你願意相信我）

講到生氣，然後狂吼了出來，因為情緒釋放而放鬆下來。
（太棒了！我們的相遇可以讓你有放鬆的機會）

動物自己提出自己跟家長生活的困擾，問我的意見。
（可以成為替動物解說人類行為的介紹師，而不是被當成一起被討厭的人類，真是太好了！）

結束的時候，跟我說喜歡我，或是想要再跟我聊天！

（這樣撩阿姨，阿姨都會爽很久捏）

對我來說，現在工作還是充滿了初戀感。

我經常被動物感動，各種感動都會讓我對自己、對動物溝通充滿熱情與期待，可以**恢復動物溝通這個本領真的是太好了，我真是一個幸福的動物溝通者。**

小結

完成一場動物溝通，先讓感覺擴散、讓感受得以具體，最後用感動結束。

當我們用這三感協助動物溝通的旅程，你會發現自己因為陪伴了自己，所以你的同理心會逐漸地擴大。對於被溝通者幽微的情思或顧慮，都會因為你接下了自己的感覺，然後對自己的感受負責，而更能發現溝通中的細節，讓對方也因為跟你一樣對自己負責，更能好好說話，**這場溝通就會因我們都願意為自己的訊息負責，而能流暢地交換訊息。**

所以請先好好感覺你自己。感動發生了，那樣心跳的感受證明我們活著，也證明我們由於動物的愛而深深地感動著～

也請你深深地感謝自己的陪伴，完成了自己許諾給動物的旅程，你真的太棒了！

寫給初學者的小重點

難過也是一種情緒，情緒都是中性的，掉下去也沒
關係。

寫給溝通老手的祝福

解決問題，不要被問題解決而逃避特定個案。

這格留給你

好好呼吸，享受感動。

Section 2
釐清

感性爬梳完溝通的過程，接下來我們要理性地看待溝通的過程了。

人跟人相處最明顯的差異就是距離，因為我們有著不同的生長方式、文化教養，再加上中文博大精深，很多詞聽起來一樣，但是在不同人的口中，可能代表不一樣的意思。所以理性的釐清，了解距離而有的差異，或是說產生的問題，需要被我們一一整理歸納。因為動物溝通不是無所不能，如果什麼事情都可以透過溝通就有效的處理，世界早就和平，我們也早就長成爸媽想要的樣子。

擁抱差異的溝通，是最舒適的距離。

溝通最主要的目的，在於幫我們釐清距離，這是我在動物溝通中，感受很深刻的事情。親密不是一種純然的相依，而是更清楚距離而能好好擁抱。

而當我們能擁抱距離，對於在溝通之中發生的挫折也會比較有彈性。因為可能會形成問題的細節太多，問題可以打亂我們的節奏，但是不應該打敗我們。

站在動物的那一邊，改變自己的姿態也是必要的。

在面對家庭裡的動物夥伴時，很少遇到比我們體型更大的吧？多數都是比我們小的動物。所以你有試著用他們的身高，或是他們移動的方式看世界嗎？你平常坐的椅子，可能是他的高台；你用來上廁所的馬桶，可能是他的飲水機。還有，為什麼家裡的垃圾桶，動物總是以為有食物啊？

所有人類習慣的功能，對動物來說都不是這麼一回事，明明就是在你家生養長大的，怎麼會差這麼多？這很正常啊，因為你是文明的人類，他是依著本能生活的動物。你看！跟你在同一個家裡生活，他還是做著自己本能的事。溝通容易嗎？不容易。所以釐清距離後，才能建立共識。溝～才會真的通。

一、溝通過程中，順暢的點為何？

對你而言，在一場溝通之中，順暢的點為何？
春花媽覺得有些點一定要順暢，因為那是練習就可以達成的，

就是**開場域跟回到冥想的出發點**。

這兩件事情非常重要，場域的開啟是讓彼此都能安心聊天的基本，不能偏廢。好好地讓彼此回到自己的生活空間，是讓大家的能量都回歸日常，所以也是一定要完成的「基本功」。不然你會真的很累、很累唷～

接下來，我們要談「溝通中」滑順的部分，可能是什麼？

- 接受特定物種的訊息流暢
- 特定感官的接受訊息度很豐富
- 動物很想跟我聊天，可以一直講

1. 接受特定物種的訊息流暢

你可能是貓特別偏愛的人，所以再怎麼王菲的貓遇見你，都能開到荼蘼，旺盛的跟你說話。這時我會建議你去試著問問對方，為什麼會特別想跟你說話？

是因為你的長相、氣味、顏色？還是因為你說話的方式？或是提問的節奏？也可能是他特別喜歡你的什麼部分。多了這些因素，也就是在積累自己迷人的魅力，將來你在面對其他動物的時候，也可以將這些討喜的點展現出來，讓自己更順暢的溝通。

喜歡的原因未必都是正向的情緒，像是春花媽就有遇過喜歡

我緊張地跟他聊天的，然後還逼我踮腳跟他聊天，因為他想看我又累又緊張地跟他聊天的樣子。人有百百種，動物也是萬萬款。

2. 特定感官的訊息接受度很豐富

動物溝通是透過眼、耳、鼻、舌、身、意來溝通的，所以我們全身的感官都可以服務我們的溝通。

眼睛可以看到，耳朵可以聽到，鼻子可以聞到，舌頭可以嘗味道，身體可以感受他們身體的感覺，而意是可以直接收到他們的生活態度、心情或是整體的畫面。

每個人在恢復動物溝通能力的初期，會發現自己的感官能力很不同。有些人一開始就可以看到很多動物說的，有些看不到只能聽到，有些甚至就只是讀到一些字，有些則是一連線身體就有明顯的感受，但是無法馬上解讀訊息。

不管是哪一種都沒關係，因為我們還在練習啊！會一種感官，就努力練習另一種感官。動物都是準備好才跟我們聊天的，如果這一位動物喜歡協助我們聽，那我們找另一位協助我們看。動物何其多，打開心來練，無處不是協助我們的動物。

所以找到每一種感官的「Key Animal」非常重要，不要執著

在自己家裡的動物，請找不一樣的動物來溝通，你才會意識
到其實有很多不同的溝通方式與能力。

坦白說，春花媽自己覺得在初期，「自己養的動物最難溝通」。
原因很簡單，不是因為我們是貓奴就屈膝，而是因為不管我
們用心之連線或是動物尾巴，我們都跟平常的我們長得不一
樣，而動物溝通傳遞的訊息，也跟平常我們用喉嚨發出的聲
音不一樣，所以家養動物蠻容易會在一開始，因為這突如其
來的陌生感而對我們充滿質疑，所以反而需要花更多時間去
建立溝通的習慣，也要改變自己平常對動物說個不停的節奏，
動物們會才意識到：「唷～你換頻道在跟我溝通。」

但是在我們習慣動物溝通這種方式後，如果我也在過程中建
立跟家養動物的聊天習慣，對於日後的動物溝通會很有幫助。
因為在不同家庭遇到的問題，我也會問問家裡動物的意見，
反而會得到很棒的啟發。所以，請多多嘗試囉～

3. 動物很想跟我聊天，可以一直講

感受到動物源源不絕的熱情，感謝他的喜歡，然後提出你需
要幫助的請求，需要他回答問題──這麼做會使你更高興，
也有助於他的快樂。如果動物只想著開心，你也要思考動物
為什麼只想要開心，這種單一面向的情緒，是否表示他的生
活中沒有出口，所以遇見我們就太釋放了。

二、覺得卡卡的地方是？

這一段的內容，應該有蠻多自學動物溝通的人，看了會點頭如搗蒜。

學習動物溝通的時候，多數人都會有「自我質疑」的想法。或者我該說，很多時候，我們在學習抽象的學問，因為無法「對答案」，我們更容易懷疑自己，然後就說出：「我真的聽到了嗎？還是我幻想出來的？」

等一下會持續談到答案，但是我想先跟大家談談「質疑」。先讓我稍微用一個嚴厲的標準開場：

你是質疑你自己聽到動物的訊息？
還是你質疑動物會不會傳遞訊息？

你可能會毫不猶豫地選擇前者，但是當你選擇質疑自己的同時，也等於否認了動物對你傳遞訊息的事實。因為當你懷疑自己聽錯了、沒聽見或是產生其他否定想法的同時，動物卻以為你已經準備好要跟他溝通，然後你卻說自己接收不到。當你質疑自己的時候，動物會因為你而傷心捏～

當然，春花媽也不會說：「對！不能質疑！我們一切都有聽

到！」這才真的是幻想。我要說的是，當你已經開啟場域進行溝通卻覺得接收不到的時候，在質疑自己之後，請你跟動物說：「我還不習慣這種接收訊息的方法，所以我還需要更具體的方式讓我感覺到。動物夥伴你可以再試試其他的方式嗎？」然後你可以試著傳遞畫面、味道，或是分享你身體的感受，讓對方嘗試回應，但不是一開頭就說：「欸？我有連上嗎？」

請你試想，有人在你面前跟你說話，你卻戴著耳機低著頭說：「我什麼都沒聽到……」你有事嗎!?

我們只是「還不習慣」這種溝通方式，不是不會動物溝通。
（質疑狂可以把這句話說十次，建議寫十二次也很棒）

接下來，我們來談談卡卡的內容，以下四類為大宗：
- 自己的質疑（頭腦還是身體）
- 動物夥伴的配合度
- 家長的節奏
- 有沒有搞懂問題，動物溝通不是服務業

1. 自己的質疑
你需要釐清你的質疑是哪一種：
- 理性腦的慣性思考，無法接受陌生訊息的進入方式。

- 質疑自己的動物溝通能力。
- 無法解讀或是感受訊息而質疑自己。
- 我 TM 的就是不相信自己。

不管是哪一種，這個階段「有效地對答案很重要」。

請去邀請別人家的動物來跟你聊天，這些家長需要具備一些特質：

- 當然是要有目前還在世的動物。
- 有長期跟動物相處的經驗，並且有留心觀察動物的日常。
- **可以跟你好好講話的人類夥伴，陪你釐清溝通的過程。**

第三點真的最重要。大家可以換位思考，動物溝通雖然是恢復本能，但是我們都多久沒使用這種語言來溝通了，把「apple」說成「阿婆」也是正常。所以在開始找動物練習的時候，能夠跟你好好溝通的家長、可以試著了解你表述的朋友非常重要。當然連線會有錯誤的發生，但是釐清錯誤也是最有效的學習方式，所以不要擔心錯誤，要感謝錯誤讓你快速進步。而這時候一個可以陪你好好聊天，釐清生活細節狀況的家長，真的是溝通神隊友。

而我們也可以透過這樣的練習，去感受自己面對溝通挫折的反應：

- 你是否很想要說服對方？

- 你是否因為講錯就不想練習了？
- 你是否……覺得動物比較好溝通，人其實還比較難！

最後一個反應很有趣，也是蠻多人會遭遇的困難。因為你在溝通過程感受到的訊息其實都是正確的，但也許是因為你的表達無法讓對方家長聽懂，或是對方家長有自己慣性的解讀方式，在對談的當下其實無法建立共識，你會以為自己錯了，結果幾天之後，家長突然跟你說：「欸～聽你說完我才認真觀察，他真的會去那個地方蹲著，我之前都沒發現。」但是你已經質疑自己很多天了，接到對方說法反而更哭笑不得！

春花媽在陪伴學生的時候，其實蠻喜歡質疑發生的，因為我覺得「質疑」其實是一種「繞路式的動力」。我們都因為求好心切，所以總是希望自己一開始就能做到最好，畢竟我們都是因為喜歡動物才會想要動物溝通，得失心很強是很正常的，也很怕自己做不好而影響動物，對吧？

我會建議你，把恢復動物溝通的能力想成「練習換一種方式相愛」。

我們與動物相處時，在沒學會溝通的時候，很像是兩個動物用自己的本能與對方衝撞。但是現在我們有更溫柔的方式，可以好好溝通，讓彼此的生活更契合，不是很棒嗎？還不趕

快練起來嗎？

2. 動物夥伴的配合度

動物夥伴上基本是可以根本不配合我們的！哈哈哈哈哈哈！

因為他本來就是自己的主人，再者，因為溝通者多數都還是代替家長發問，所以也可能會有一些引發情緒的問題，或是動物覺得很無聊的問題，根本不想要回答，所以他不會理所當然的配合我們。為此，我們要可愛到能討動物喜歡！

也就是說，當我們遇到願意配合的動物夥伴時，要深深感謝對方的溫柔。但若遇到不配合的動物夥伴，我們可以做些什麼，讓溝通的過程更順利一點呢？以下為春花媽的一些建議：

- 先聊動物夥伴感興趣的事情，投其所好。
- 如果他顯得對一切都不感興趣，你可以問問他，會不會希望家長「改」什麼，讓現在的相處生活過得更好（講白一點就是讓他過得更爽啦！）
- 也可以談談動物夥伴現在生活中有什麼地方，讓他感覺很困擾。
- 問他喜歡吃什麼，從他喜歡吃的開始聊。

我自己還有個隱藏祕技，就是跟他們聊我家的動物，因為我家種類跟個體比較多，所以他們後來反而會主動問我很多問

題，稍微這樣暖身後，其實也會變得比較好聊。

有時候我也會嘗試直球對決，說：「你是不是不想跟我講話呢？都可以唷，沒有一定要跟我講話唷～」如果他有說出具體的原因是我可以改善的，基本上我會馬上處理，讓他有機會跟我講話。

如果對方還是沒有明確的回應，我會把這次動物溝通家長的問題簡單重覆一次，讓他知道家長希望透過動物溝通達到的一些共識，這是我們想要創造的風景。但是如果動物夥伴不願意配合，我也不會對他施加壓力，因為動物溝通不是翻譯機，我們沒有一定要完成的事項，只需要珍惜相處的機會，增加他對人類不同的相處經驗就好。

所以無論動物夥伴有沒有好好講話，我都會深深感謝動物夥伴陪伴我這段時光。

春花媽自己的經驗是——「沒有不能對談的動物」。既然都能有緣來到我們面前，不會有連線後不開口的狀況，但是確實發生「不好聊」的狀況，可能是因為對方有一些特殊的心理狀況，或是身體狀況不夠好，或是與家長的關係正在很衝突的時間裡……等可能，我都會建議諸位可以先站在動物夥伴的立場去理解，不管得到多少訊息，起碼在這次溝通中，

因為我們是站在動物那邊的人類，未來當他有機會跟人類對談、進行動物溝通的時候，他會記得我們這一份體貼的空間。**動物溝通是好好說話的練習，不是一次定輸贏的對談。**

在這個環節還可以再分享的一個作法是——「找到自己讓動物喜歡的原因」。雖然天下動物萬萬種，但是他們多數都是單純的孩子，要的不複雜。我都會說，拿出自己喜歡動物的真心就夠。也許你會覺得這句話太心靈雞湯，懷疑這麼做就真的有用嗎？

春花媽自己的經驗是有用的，因為這會讓他想起跟人類接觸時好的經驗，也有機會從他自己的困境或是冷漠之中抽離。所以請試試看，別怕遇到冷淡的動物，那都是我們學習不同說話方式的開始，是多幸福的練習啊～

3. 家長的節奏

這個齁～就真的介於很好溝通跟真的講不通之間，可能真的有點靠運氣，或是拚人品了！開玩笑的啦！就算是跟人溝通真的也沒有比較容易，因為同樣都講中文，有時候就ＴＭ的搭不上線啊！

造成人溝通誤解的原因太多了，春花媽我本人想要跳到另一個角度來談，也就是與家長溝通前需要建立的共識：

181

- 家長可以準備很多問題，但是動物不一定都會回答。
- 如果有涉及相處衝突的事情，例如：尿床、吠叫、攻擊等，要知道「理解發生原因」是動物溝通的功能，但是「透過動物溝通希望動物夥伴改善」，這是不可能的。
- 如果只想對動物下達命令，那不是溝通，不用找我們。
- 家長自己無法承受或是無法決定的事情，請不要問。例如：安樂死，或是爸爸媽媽分手要跟誰一起生活。
- **最後一個是最基本也最重要的：「不信任動物溝通的話，不要為難自己的動物，也同時為難動物溝通者。」**

反過來說，面對他人的質疑或是困惑，我們還是要盡心盡力的為動物說明，但是超出這個範圍，超過你可以忍受的幅度，就沒有誰有必要為其他人剖開心肝證明自己的誠實。
愛是留給需要並信任自己的對象，不是放在外面任人糟蹋。

4. 有沒有搞懂問題和動物溝通不是服務業

這個單元也是很重要的討論——「我們到底有沒有搞懂家長在問什麼？」一樣都是中文，他想的可能真的跟你想的不同。

【例一】
家長：「你幫我問他為什麼不好好吃飯。」
貓回答說有吃乾糧，但是不想吃加了很多水的罐頭。
家長：「我就是要問他為什麼不乖乖吃肉肉啊。」

（那為什麼一開始不講清楚，是想叫他吃罐頭？）

【例二】

家長：「你幫我問他可否接受家裡養第二隻狗？」

狗說不可以！不願意！不要！

家長：「可是我養狗就是希望養兩隻，你叫他不要這麼小氣啦！」

（我還要拜託你狀況內一點，尊重先來的好不好！）

當然有時候是我們溝通者在狀況外，但是我要說的是，如果在聽家長問題時就已經沒聽懂，千萬不要用自己的方式去理解，要真的聽懂對方的需求再發問，不然造成動物跟家長的誤會也非常不好。

另外就春花媽自己的溝通經驗，「家長的以為」往往跟「動物的認為」有距離。我遇過根本沒把爸媽當爸媽的貓，而是把他們當成自己的寵物在看待；我也遇過那種家裡明明有五個房間，但是因為狗只去其中三間，就把其他兩個房間當成別人家；還有那種因為無法跟其他貓共用廁所，而堅持家裡只有一間貓廁所，其他廁所都是臭地方的；也有那種無法接受其他動物的貴賓犬，斬釘截鐵地說這輩子都沒見過家裡有其他動物！

而當家長的問題是往這些方向去問，你就會發現中文真是博大精深，很難溝通，所以搞懂家長的問題再對動物發問，是為了釐清距離。很多時候動物溝通無法只回答一個問題，而是要說明一系列的狀況。動物溝通做久了，人人都有機會成為溝通大師，不要錯過這個練習人生的機會。

三、我適合用什麼形式來進行動物溝通？

當我們明白自己溝通的初心，可以流暢地展開場域溝通，也可以好好的跟人類家長說明後，我們進一步要追求效率，所以要釐清以下細節：

1. 時間

- 在多少時間內，我的溝通品質最好。
- 在多少時間內，動物可以專心跟我溝通。
- 一天最多工作多少時間，可以讓我達到練習的目的，可以穩定能力，也能交換到自己想要的物質條件。

2. 形式

- 喜歡現場面對面實體溝通，我比較可以享受互動的過程。
- 喜歡透過網路介面來溝通，也請釐清是即時性的通訊軟體或是用信件來回。
- 喜歡用電話來溝通，有點距離但是又可以保留當下的互動。

3. 其實我只想跟自己家裡的動物小孩溝通而已～

這也沒問題唷，所以你就更需要思考，如何教育家裡的動物小孩，他們才會願意跟我溝通。春花媽坦白說，只有愛是不夠的！

我自己會透過不同的書籍來跟他們進行溝通，繪本、文字書，或是圖文書。看他們喜歡哪一種方式，是喜歡聽媽媽講故事，還是喜歡聽媽媽講故事，但也要有圖片的傳遞，讓他們更好理解。

我也會透過音樂來跟他們溝通，讓他們選擇自己喜歡的音樂，然後試圖跟我說明。但是音樂的門檻真的比較高，很多時候動物聽到的聲音，跟我們聽到的完全是兩回事。

電視也是一種溝通的媒介，當然也是一種活動逗貓棒的可能啦。總之！請多嘗試各種方式、各種媒介跟動物聊天，不要單純只靠自己，因為動物夥伴也有討厭你、不想跟你講話的權利，所以真的不要把自己想的太美好！

選定一個方法，找到自己喜歡的方式，這跟順手的方式不一定一樣，所以就算自己變了也很好，願意挑戰自己也很好，被動物拒絕也可以。只要為了溝通好，我們沒道理不努力，對吧？

四、不管下一次溝通在哪裡，此刻我可以為自己做什麼

不論現在你處於什麼狀態而想要了解，或是想學習動物溝通，我都想先謝謝你願意拿起這本書，開啟一些跟動物的緣分，春花媽深深謝謝你。

學習動物溝通的過程可以很長，可以很密集，也可以隨緣，哪一種都很棒，只要能夠舒心升起想要溝通的慾望，動物都會在。所以正在進行的動物溝通也是，**不管你練到哪裡了，有沒有下一次的溝通，請在這次溝通把握相遇的瞬間，專注在這次。**

也許你自己或家長都不是很滿意這個過程，也許是一個離世溝通，無法做更多的陪伴與建議，但是我們要給自己下一次的機會，給自己進步的空間，即便與這個對象不再相遇了，但是我們是會持續與動物溝通的人。

所以要隨時準備好，讓自己成為一個中性但是暢通的管道，讓動物的訊息隨時可以通過，因為我們答應過自己，要成為站在動物那邊的人。

小結

這章的重點是用理性來服務溝通，但不是用嚴格的標準來捆綁自己。也許一開始做不到，那就對自己再溫柔一點，沒關係～一次比一次好就好。

你跟我都是練習在溝通的途徑上，站在動物那邊的人，我們都希望我們的同情心可以轉化成同理心，讓動物更能感受到學會溝通的我們，踏實的通往他們的心，成就我們共同的生活目標。

寫給初學者的小重點

不要對自己這麼兇啦～

寫給溝通老手的祝福

要不要思考一下，現在順手的方式，真的就是最輕鬆的溝通模式嗎？

這格留給你

這一個章節讀完，脖子很痠軀？

Section 3

謝謝、謝謝、謝謝我自己

親愛的夥伴，我們來到動物溝通的最終章。恭喜你帶著自己陪伴動物走到這裡，光是這樣，你就已經是動物最好的夥伴了，你最棒！

一、檢討完成，好好歸心

完成一場動物溝通，意味著你接收了一些愛，也開始容納一些距離。之前的篇章，都是希望大家可以在溝通之中支持自己，而這樣的企圖也會延續到最後。我們好好讓自己回歸中性的自我，照顧好自己，然後為了下一次的溝通再出發。所以最後的步驟，我們要做的是：

1. 擁抱自己，謝謝自己
我們真的要好好謝謝自己完成一趟動物溝通的旅程！
因為我們經歷了非常多過程，從陌生害怕、自我質疑、得失

心、覺得自己做得不好……等等。很多時候串連我們的是負面的感受，但是也是這些感受讓我們飛速的進步，讓我們真的可以成為站在動物那邊的人，成為他的管道。

也想提醒諸位夥伴：

- 在這個過程中，你有重新認識你自己嗎？
- 關於愛的定義？
- 關於跟動物相處的方式？
- 對動物家長的看法？
- 對於自己人生中跟動物緣分的理解？

不管是哪一種思考，**我相信你內在都經歷了很巨大的心理整形吧。**

因為我們都想成為一位更好的動物陪伴者，所以我們經歷了比一般人更多的內心對抗與校準，所以請容我對你致上深深的敬意。為了動物，你我都願意成為改變自己的人，這很難！真的很難。

我們一起深深地擁抱自己，真的抱一下自己，深深地好好感謝自己。這趟旅程，愛動物的心沒忘記。

2. 給勇於檢討的自己一個讚

給勇於檢討的自己一個讚。認同受到挫折也是非常艱辛的過程，加上我想諸位多是對自己相當嚴格的溝通者，可以感覺三百字、檢討三萬字，多麼擔心自己是待在錯誤裡，而非正確的道路上。其實會檢討的我們已經在與動物親密同行的路上，那就是最適合彼此的路徑。

不管做了多少次的動物溝通，我們都還是需要檢討自己的溝通過程，面對問題，讓自己更好，也是讓未來跟我們邂逅的動物可以更好的相遇。內心有這個善的想法的時候，請回頭對自己更溫柔，因為我們永遠會是自己最尖銳的批判者，所以請讓這一份檢討的勇敢成為照亮自己的光，而非傷害自己的利刃。

記住春花媽常說的：「**人好，動物才會好。**」我們要把自己放在心上，這是動物天天在做的事情。

所以我們給自己一個大大的讚吧！讚到會笑出來的那種！

3. 想像未來想要邂逅的對象

蠻建議大家如果想要持續深入動物溝通，這種想像練習不要錯過，與其說是想像練習，不如說是一份召喚、一種對於動物的邀請。

不管你是否要成為職業的溝通者，如果希望透過動物溝通展開不一樣的人生旅程，可以從以下幾個方面著手：

▌ 從野生動物著手

跟野生動物溝通真的是另一種世界的開展，在沒有共同的文明薰陶下，他們自己的文化更在自然裡生活，所以我們談論的話題，很多會從體感的差異，以及生活環境的差異開始。春花媽自己在那些差異的對談中，檢視了很多自己的理所當然，反而對世界擁有一份更謙卑的心。我常建議我的學生多做野生動物溝通，從你喜歡的物種開始，你會更懂自己為什麼喜歡著～

▌ 你希望邂逅的家養動物

春花媽在初期做動物溝通的時候，非常想要跟藍貓溝通，因為真的就是沒溝通過，後來一週就出現五位！然後我就開始想著青蛙、蜥蜴跟蛇，當然也都一一出現了。這些陌生的物種讓我有機會去閱讀更多的資訊，彌補我在溝通上的知識不足，也讓我了解目前臺灣豢養的環境如何，進而讓我對人可以帶給家養動物怎樣的生活，有更具體的思考。

▌ 所謂的「問題動物」

這個比較特別一點點，我想大家讀到這裡，應該已理解春花媽不是那種心靈雞湯類型的溝通者。我對於問題充滿高度的

敬意與戰鬥力，所以這種動物，我也要積極推廣。那什麼才算「問題動物」？會讓你產生問題的動物，就是問題動物！

【例】

- 其實我很怕跟動物生離死別，光是想到就會很痛苦，學動物溝通就是希望可以減緩到時的悲傷。

  春花媽：所以請你在內心大量邀請臨終溝通的案例吧，疼痛之餘，你一定可以透過動物溝通，邂逅可以讓你舒緩的對話。

- 我不知道怎麼跟有慢性病的動物相處，到底要不要醫療呢？

  春花媽：所以就請你在內心大量召喚生病的案例吧，在掙扎之間，你一定可以透過動物溝通，找到連自己都一起被治療的方式。

- 我不知道要不要養動物，我是真的可以負責任的人嗎？

  春花媽：你可以選擇問問動物為什麼想跟人生活？如果是你，動物會想跟你生活嗎？如果一起生活，動物會想跟你啟動怎樣的人生呢？當然，這可以是一場對話，我們已經透過這次對談邂逅了，是否要進入負責的關係，彼此都有選擇權。

動物溝通不是解藥，而是陪伴的良方，問題也是！

問題不是在說你有問題，問題是說你對這個世界、對自己還有好奇的空間，那是可以相愛的縫隙，很美的啊～

二、感謝

感謝的對象：
天地＆自己＆
與自己溝通的動物
和透過動物溝通，打開彈性溝通空間的自己

在動物溝通經歷出發、展開對談、沈澱思考、傳遞訊息、結束溝通之後，就是感謝。

對春花媽來說，**在動物溝通完後，打從心底說出一聲「謝謝」是一件很幸福的事情。**一是提醒我們這個相遇真的告一段落了，再來是我們可以感謝溝通帶給我們的體驗，最後是深深感謝動物無所不在的愛，讓我們有機會不斷檢視與動物相遇的原因，讓我們與動物的相遇變得越來越有品質。

當然最後，要我們深深感謝自己。人類真的是一種奇異的存在，充滿各種距離與質疑的我們，是少數可以全心全意愛著跟我們完全不一樣的動物的動物，但是實際上……我們也是傷害動物最多的一種動物。

人總是有機會選擇的，當你恢復了動物溝通的本能，你能透過眼、耳、鼻、舌、身、意接收動物的訊息，成為他們動物

生選擇的一部分，你是否也願意在未來的人生，將動物的生活處境納入你選擇的一環呢？

謝謝動物選擇跟你溝通，
謝謝你願意成為站在動物身邊的人。

三、歸心於零

選擇接收動物的訊息，對春花媽來說，有一個原因是要打開自己的彈性空間。我們如何在天地之中找到一對安然注視著我們的眼睛，別無所求的看著你，在與我們相逢的時候，全然理解你的存在，那就是眼前跟你溝通的動物。動物的愛是一種專注在當下的回應，也會讓我更投入在當下的生活，因而無入而不自得。

你呢？對你來說，當你恢復了動物溝通的能力後，你會想要過怎樣的人生？請在每個階段都要記得歸零，因為每一個陪伴我們的動物，都值得我們在每個階段再度校準自己的人生。前進不是唯一的方式，好好休息也許會讓我們更踏實的活著。動物教會你什麼？你願意跟我分享嗎？你願意也回饋給動物嗎？

人好，動物才會好。
願你的存在也是圓滿動物的一環。

小結

謝謝要練習說很多次，才會真心到被自己感動唷！

謝謝天空之父、大地之母的場域，

謝謝黑暗洞穴的存在，

謝謝動物願意與我聊天，

謝謝家長選擇我，

謝謝我自己，

謝謝我自己，

謝謝我自己成為動物溝通者，

我是站在動物那一邊的人。

所以也請好好地練習說謝謝，最簡單的事情、最容易看見品
質是否有維持唷～

寫給初學者的小重點

謝謝你努力到現在，深深謝謝你。

寫給溝通老手的祝福

謝謝你一直在傳遞動物的訊息，謝謝、謝謝你。

這格留給你

謝謝我、謝謝你、謝謝動物、謝謝天地包容我們。

Section 4

為什麼你需要
恢復動物溝通的本能？

看到這段文字的你，是因為順順翻書看到，還是你已經研習
動物溝通一段日子了呢？不論是哪一種的你，你覺得
你為什麼需要動物溝通呢？

動物溝通是一種交換資訊的方式，但是這個方式甚少在當下
有明確的回應，在熟練跟信任自己之前有非常多的懷疑，也
可能一直面對溝通無果的狀況。那你為什麼還需要動物溝通
這個交換方式呢？

春花媽自己是越透過溝通，越感到對話的可貴。原來了解一
句話，需要的不只是想要聽到對方的企圖，更多是想要擁抱
說話的對象，真心的想要了解動物夥伴說的話。那不是聽到
就足夠的……能夠對我們說話的動物夥伴，講出一句又一句
的話，在終於有人類聽到他們的訊息，可以給予正面的回應
時，那一份理解，對動物夥伴來說也是難得可貴的。他們也
是想要被好好回應的個體。

春花媽也會透過動物溝通去爬梳「我需要怎樣的關係」。什麼樣對話的個體，我在一開始就能掌握對話的節奏？什麼樣的對象，我連好好說話都不容易？對他們來說，我又是一個什麼樣的存在、什麼樣傳遞訊息的人？所以我應該怎樣調整自己才可以跟他們對話？或是果斷的放棄關係？

動物溝通讓我更像自己想要成為的那個人。

溝通的本質是建立關係。關係如何建立才會讓自己是坦然的？如何讓自己在做自己的時候，對方也還是他自己？那一份距離對我來說一直都很迷人，也是最親密的靠近。因為幸福的方式，人人、動動都不同。

為此，身而為人，我願意持續站在動物的那一邊，成為一位動物溝通者，持續練習成為一種橋樑。

那你呢？
為什麼你需要動物溝通？當你被理解，或是被需要的時候，你依舊喜歡自己從事動物溝通嗎？

請經常想想自己需要的原因，因為那之中包含了動物對你深深的祝福。

試著寫出你的原因，讓自己的心不斷被自己與動物看見吧。

祝福

動物溝通讓我

成為動物的通道

也同時　成為我自己

Appendix I

動物溝通的各種為什麼

▍ 我連線到底有沒有成功啊？

春花媽：請好好練習展開場域，確認自己是穩定的。

然後請找可以對談的朋友對答案，讓他陪你釐清溝通的過程（見 P.177）。建議在日常多練習第 I 章 Section 5 的直覺練習（見 P.98），溝通無法一蹴可幾，剛開始的順暢未必是未來的清晰，萬丈高樓平地起。

▍ 為什麼有時候我場域還沒開好，就聽到訊息了？

春花媽：有時候可能是動物真的很急著想跟你說話，有時候也可能是你心中預設的答案，讓你產生了一些訊息。所以請慎重看待這些狀況。

▍ 為什麼會一陣子聽得到，一陣子聽不到？

春花媽：因為不夠穩定。請細究你不穩定的原因是因為自己的狀況不好，其實最近不想溝通？還是因為之前溝通的挫折一直沒消化，所以無法好好傳遞訊息？但也有可能是

你太累了。好好休息，做些讓自己開心的事情，真的有差。
另外，也有可能是因為你連續遇到不太願意溝通的動物，
有時候是動物沒準備好，或是動物覺得家長都問一樣的事
情，而不願意溝通。因為有這樣的可能，所以也請不要太
為難自己。

■ **要練到什麼程度才算可以，或是厲害呢？**

春花媽：我到現在都不覺得自己厲害，但是我很喜歡溝通，
而且我喜歡練習好好說話的時光。

■ **我都聽不到，只覺得身體有一些變化？**

春花媽：那就表示你的體感比較強，是習慣用身體感受事
情的人。每個人的天賦不同，有人是從眼、耳、鼻、舌、
身的具體感官元素來溝通，有些人是意念接收到，不管是
哪一種都要擴大持續練習 🐾

面對只有體感的時候，可以試著跟動物說：「可以用講的
嗎？」或是用差異的感受去激發他不同的反應，例如：他
給你冷的感受，你傳給他偏熱的感受，看他的反應，也是
一種創造對話的可能。

當然也建議你多換不同的對象溝通，因為這樣才有可能五
感都開發到，讓自己有機會邂逅更多的對象，對話的方式
一定會變得更多元。

■ **為什麼我已經學會溝通了，我的小孩還是講不聽？**

春花媽：首先你有講清楚你的需求嗎？再者，雖然你是他的家長，如果你不能理解他發言的需求，為什麼他要回應你的需求？

在面對衝突款的議題，例如：「為什麼要尿在床上？」請都先理解對方為什麼會有這樣的行為！所以如果你有怒氣或是責罰的心，建議你先不要溝通，因為動物絕對會知道，而且更不會好好說話。

所以以此題舉例，春花媽的溝通做法會是這樣：

● 發生什麼事情，你會突然尿在床上？

● （延續上題）

　A. 不講清楚：媽媽只是擔心突然變得不一樣，但是並不在意尿尿唷～

　B. 有具體說明原因。

● （延續上題）

　A. 再度說服對象，讓他可以安心說出，如果他說自己真的不知道為什麼。

　B. 跟家長確認後，找出具體改善的方法提供給動物參考。

● 說明家長其實會擔心也會困擾，請他不要再這樣做。

雖然我是瘋狂迷戀動物小孩的家長，但是我覺得第四點是非常重要的。一起生活不是光靠愛就可以的，好好溝通困擾，才能避免爭端，不然學溝通要幹嘛？

當然我的方法不是萬用的，針對不同的個體會有不同的反

應狀況，也可能真的很盧洨、欠揍或是亂七八糟。請找出你溝通的方式。

重點就是先站在動物的立場思考，而不是一名家長。

此外也需要具備一定的動物知識。如果是動物本能的問題而產生的衝突，請跟家長溝通說明，**但是也要避免成為質疑或是教育家長的溝通者。幸福的標準家家不同，我們只是路過的陪伴者。**

▌為什麼動物都自己一直講，不聽我講？

春花媽：因為你講話很無聊，你幫家長問的問題很無聊，還有你為什麼不去聽他在問你什麼？

▌為什麼動物都講我沒發現的事情？

春花媽：這不是太神祕，是你觀察他的角度可能太少，也可能是陪伴太少。要不要再多花點時間在彼此身上呢？

但如果家長以此來質疑溝通者，那麼放寬心，請家長有空再多觀察，繼續對談就好。如果家長很執著，請溫柔地放過自己，祝福對方。

▌我如何區分現在身體的感受是他還是我？

春花媽：試著斷掉連線看看身體感受是否持續，也可問問家長，對方動物是否有一些相應的身體狀況。要清楚自己的身體狀況，不要把你的情況以為是動物的感覺。

▌可以跟他聊安樂死嗎？

春花媽：當你自己可以消化好這個議題，不會以自己的立場去影響他人，沒有不能聊的問題。

▌我想要再多養一個動物家人，要怎麼說服他同意？

春花媽：如果你學溝通是為了讓動物成為你想要的，建議可以不用學。（好像太兇了齁？好啦～）你的需要如何是他的需求？如果無法創造，這個問題真的很難。

▌怎麼樣讓他願意跟我多講話？

春花媽：讓自己變得有趣啊～（見 P.179）

▌動物說謊怎麼辦？

春花媽：動物是真的在說謊？還是以家長的標準覺得他說謊？這是需要釐清的。

有時候動物的說謊是跟人類的認知有落差。例如：「廁所的數量」，動物說的不是總數，而是他會去使用的數量；或者他認知家人的數量是與他互動較多的為主，而不是總量。動物沒有說謊，只是認知與你的不同。

如果是標準的落差：「為什麼他記得尿尿的地方，但是就是會尿錯？」這是家長的標準問題。如果會犯錯，就是因為真的記不清楚，或是有新衝突發生，說謊反而變成很好的警訊，因為動物不說真話可能是想要避免衝突，也可能

是因為他心情不好，不管哪一個都需要好好溝通。

■ **我如果聽到動物說他不喜歡我，那怎麼辦？（尖叫）**

春花媽：會說出來就都有改善的空間，請不要再執迷不悟了，單方面的愛就是一種負擔，很消耗關係的～

■ **我可以跟動物聊很抽象的事情嗎？**

春花媽：不同的對象，也許不是都好聊，但是我的情況是什麼都會試著聊聊。只不過我在初期會說明得很具體，透過建立共識，他才能理解我說的，動物也會用他自己的價值觀來回應我，通常都非常有意思，當然也會充滿吐槽。

■ **我可以跟動物說我上班很辛苦，叫他配合一點嗎？**

春花媽：一樣啊～沒有不能聊的事情，他可以要我們拍屁屁，我們可以討拍。但這也是要練習的過程，吸貓過度會變成變態家長。

■ **家長不相信我怎麼辦？**

春花媽：拒絕溝通就好。他都拒絕了，你為何還要說服他？

■ **到底要怎麼跟家長溝通，對方才聽得懂？**

春花媽：問問你自己怎麼跟自己溝通的，為什麼願意持續溝通？

▌動物跟人要的不一樣，怎麼辦？

春花媽：記得守則第五條有提到的嗎？我們就是橋樑，所以努力找出執行方案。家長就算固執，他也是從善意出發，想要關係變得不同，動物會亂來也是同理。相愛的對象缺乏方法，我們要當方法製造者啊，當座好橋。

▌聽了家長的話我很生氣，不想幫他溝通怎麼辦？

春花媽：我們是站在動物那邊的人，如果你現在就放棄，動物怎麼辦？

但是如果你重覆遇到這樣的狀況，你可能要思考的是，你是否比較有自己的標準跟原則，所以未必要幫不能理解你原則的人溝通。請也記住，幸福的標準人人不同。

▌如何透過動物溝通可以跟春花媽一樣，也獲得一些靈性的訊息？

春花媽：實體動物未必會有傳遞靈性訊息的能力，但是離世動物或是其他能量的冥想可能有機會。我的實體動物溝通課程有教授相關內容。

▌離世動物溝通是跟鬼講話嗎？

春花媽：如果你的定義是死掉的都是鬼，那你說的也沒錯。

▌動物溝通跟觀落陰有什麼不同？

春花媽：動物溝通是人人都可以恢復的本能，是一種用自己身體與另一個生命，用溝通者的身體來進行訊息的交換，所以是兩個實體的交換。

春花媽理解的觀落陰是「靈媒」的專業，他們有自己的體系跟儀式，有時候連接是抽象的能量，未必是實體。還有，溝通者有時候在溝通過程中身體會被取代，但是動物溝通的過程不會。

▌為什麼死去的動物還可以連線啊？

春花媽：先來說明一個概念：請想像，每一個意識都像是一棵大樹，每一位動物的每一輩子都是一根樹枝。只要這個世界上，有人記住這位動物的名字、模樣，這根樹枝存在，動物就可以溝通，也會一直存在。

這是離世的貓咪跟我說的，剛開始我也不是很習慣，因為我們的文明深受儒道佛思想影響，總覺得會去投胎或消失吧。但是動物有自己的世界觀，所以離世的動物會因為生前的關係，而持續保持與我們的紅線，直到我們消失為止。

所以**想念是有意義的，也不會耽誤對方。**

▍他們可以投胎回來繼續當我的動物小孩嗎？

春花媽：動物是否能「投胎」回來當我們的小孩，有兩個前提：

一、他有投胎的使命，需要繼續擁有身體來進行與世界來往的任務。

二、他投胎的地方是你找得到的地方，並且是你可以接受的物種。

坦白說，我覺得不容易，但是以我自己的溝通經驗，我發現我們跟動物的緣分向來都是「重逢」，而非相遇。

▍學會動物溝通是不是就跟白雪公主一樣，可以召喚動物來？

春花媽：萬聖節時你可以裝扮一下自己啊～

▍書中的建議和訣竅，是否都是為了幫別人溝通準備的呢？

春花媽：跟自己的毛孩溝通方式都一樣，本書中的各種方法都適用。

▍我學會動物溝通就可以幫助浪浪，對嗎？

春花媽：你想要幫助浪浪什麼？然後浪浪為什麼又需要你的幫助？你的幫助真的不是打擾跟要求嗎？

▍可以跟野生動物溝通嗎？

春花媽：絕對可以，非常鼓勵，但是對談的主控權在他們，

因為對人類感興趣的野生動物還是少，所以多嘗試練習，多找照片來溝通，真的會有很超凡的體驗。（也可以參考我出版的漫畫《和你的世界聊一聊》第五章。）

▌我可以用動物溝通的方式，與植物溝通嗎？

春花媽：坦白說有難度，要長久的練習與調整頻率才可以。

▌我想要放棄動物溝通，可以嗎？

春花媽：你想做什麼都可以，但是請不要帶著受傷的心，動物也會難過的。

▌如果我對這本書、或是對於動物溝通有任何問題，可以怎麼做？

春花媽：歡迎你發信到「harumama.service@gmail.com」，請用「春花媽借我問」作為信件開頭。

在春花媽理解的範圍內，累積一定數量的提問後，春花媽會找尋合適的方式公開回答大家。希望有機會透過這個問答，讓我們跟動物的距離都往體貼的方向前進。

▌我為什麼要學動物溝通？

春花媽：這是我一直想問你們的：）

Appendix II
開啟與靈性動物的緣分

本章節是針對「開啟靈性動物緣分」的夥伴所準備的，會有比較多抽象的說明，大家可以自行評估。

【方式一】

從你的藥輪月份出發，找出跟你最有緣的靈性動物。以下先提供各月份的藥輪動物給大家參考：

月份名稱	月份日期	北美藥輪動物	台灣藥輪動物
大地復原	12/22 ～ 1/19	雪雁	黃羽鸚嘴
休眠淨化	1/20 ～ 2/18	水獺、海獺	歐亞水獺
強風	2/19 ～ 3/20	美洲獅	台灣雲豹
樹萌芽	3/21 ～ 4/19	紅隼	鳳頭蒼鷹
蛙回歸	4/20 ～ 5/20	河狸	臺灣水韻
玉米種植	5/21 ～ 6/20	鹿	梅花鹿
烈日	6/21 ～ 7/22	啄木鳥	大赤啄木鳥
採莓	7/23 ～ 8/22	鱘魚	巴氏銀鮈
收穫	8/23 ～ 9/22	棕熊	穿山甲
群鴨飛遷	9/23 ～ 10/23	渡鴉	星鴉
結凍	10/24 ～ 11/21	蛇	金絲蛇
長雪	11/22 ～ 12/21	駝鹿、馬	台灣水鹿

以春花媽為例：

因為我是六月「玉米種植」之月出生的人，所以跟我較為相關的動物是「鹿」與「臺灣梅花鹿」。我自己會去網路找各種動物的照片或是影片，以直覺喜歡的為主，留下他的影像畫面，然後嘗試跟他們溝通，建立穩定的連結訊息。所以會是以每天，或是經常連線的頻率，讓他們習慣跟我說話，通常到後來可以聊的東西就會變得很遼闊。

然後建議找出跟你聊得最順、關係最穩定的野生動物，列印出他的照片，將他跟你說過印象深刻的話，寫在照片背面，也是一種可以加強連結的小祕訣唷～

【方式二】

建議自己找實體野生動物照片進行練習，特別說明不是野形動物喔。

選擇的動物可以是自己從小就喜歡，或是最近反覆出現在你的生命中的，或者是你想聊的對象。

同樣的，訊息不會突然間大量而清晰地出現，請讓自己在交會的時候是準備好的人，讓訊息可以穩穩地進入你的生命。唯有你的耳朵真的開啟的時候，訊息才會圍繞在你身邊，可以不費力的擷取。假裝要聽對方說話，只是一種不安的渴望，

不是打開心來跟世界來往。

最後建議大家可以理性地做功課，多去理解你喜歡的野生動物現在在世界上的處境。他的生存環境好嗎？有怎樣的困境？是否跟你的一樣呢？或是說，你是否可以透過協助他，來稍微緩解自己的無力感呢？

對春花媽來說，靈性動物的存在，很有意思的點是，他不是親切的對象，卻最能以透徹的目光來審視我的生活。當我們不覺得被批評、被評價，更多的親密與力量會穩穩地抱著我們，那是一種幸福的滋味，願你也能體會。

參考解讀訊息書籍
1.《春花媽宇宙藥輪》有深入探討人與各種動物相遇的原因與使命。
2.《靈性動物完全指南》有很多具體說明動物的靈性訊息，推推！

Appendix Ⅲ
與野生動物溝通

強烈建議大家可以體驗跟野生動物溝通！根據春花媽的經驗，
會感受到很多差異，例如：

- 體感上明顯的差異，寒帶跟赤道動物的體感更為鮮明。
- 水族的動物身體的差異，會直接銳化不同的水的感受。
- 學習他們觀看環境的重心不同，會有種有趣的鬆弛感。
- 感受他們面對感興趣的對象，性慾跟食慾的差別反應也很
  不同。
- 他們站在遼闊的世界觀與我們的差異對談，非常有意思。

但是我要先具體釐清，「野生動物」跟「野形動物」是不一
樣的。

前者對我來說是真的一直生活在自然環境之中的野生動物，
但是所謂「野形動物」是指「長期被人豢養的個體」或是「通
過人類圈養下誕生的動物個體」。所以他們其實沒有野生動
物的生活經驗，基本上會跟人養的動物一樣，因為缺乏環境

差異的刺激，他們的思考模式跟真的在野外生活的野生動物，真的是兩回事唷～

我自己長期溝通的「野形動物」，就算是從野外來到人類世界的，也會因為長期與人生活，傳遞的訊息也會變得很日常，跟野生動物無邊際的對談感，相當的不同。

以下分享一篇我跟野生動物對談的記錄：

野動大聲講──琉球狐蝠（台灣亞種）

▎問完快點走啊你！

春花媽：「你會覺得同伴變得很少嗎？」

阿福：「當然很少啊，我們現在都是跟認識的蝙蝠住在一起。」

春花媽：「那你有不認識的蝙蝠嗎？」

阿福：「沒有不認識的！這裡沒有其他更多同族了，這樣很可怕，你懂嗎？」

春花媽：「我懂，這樣你們可能會越來越少……你們已經很少了。那這裡東西還夠吃嗎？」

阿福：「大家喜歡吃的不一樣，有一些變少了，幹嘛？你要來搶啊？」他的口氣突然多了一絲警戒。

春花媽趕緊解釋：「沒有沒有，我不住這裡，我不會吃你們的東西！」

阿福：「哼！你這麼大隻，吃很多，一定很快就把食物都吃完，

218

你快點走！」

春花媽：「我再問你一點事情，我就走了啦，我什麼東西都不拿，也不帶走！」

阿福：「哼，快點說！」

春花媽：「你有生小孩了嗎？」

阿福：「生了啊，又不是你的小孩，你問這麼多幹嘛？我們有小孩被抓走，你也要抓走他們嗎？」

春花媽：「被抓走？有回來嗎？」

阿福：「有啊，但是誰喜歡被抓走啊，而且回來身上還怪怪的！」

春花媽想了想，認為應該是裝追蹤器的研究人員，但是不管我怎麼跟阿福解釋，他還是白眼，覺得人類都是壞人，只好作罷。

▋ 請不要喜歡我們

春花媽：「你跟鳥類都會飛，但飛的方式很不一樣齁？」

阿福：「我看到鳥的時候，很多都不是在飛，都是在睡覺，翅膀都收起來啊！他的翅膀跟我的比起來，有的很大，有的很小，然後他整隻都毛毛的。但我的毛多半在身上，不在翅膀上。」

春花媽：「對呀，那你們飛起來的感覺一樣嗎？」

阿福：「可能大的就飛得比我快啊，我又沒有跟他一起飛哪知道。」

春花媽：「哈哈也是，那飛翔給你什麼感覺？」

阿福：「就飛啊，我天天飛。」

春花媽：「好羨慕你能飛～跟你說喔，蝙蝠在我們這邊象徵福氣喔，有些人類很喜歡看到你們呢。」

阿福：「但我不喜歡看到你們，你們會來嚇我們，還一直不走。」他反嗆道。

春花媽：「啊啊……真的對不起。」

阿福：「你看到我們覺得很幸運，但我們看到你很衰。」

春花媽：「真的很抱歉，但我們真的很喜歡你。」

阿福：「不要。」他簡短無比的回應。

█ 你也是蠻可憐的

春花媽：「你現在生活的地方，你們喜歡嗎？還好嗎？」

阿福：「這裡不要太熱的話，食物還夠吃。我們才不會離開這裡，你不要跟別人講我們在這裡喔！」

春花媽：「我不會，我超笨的，我都不認得路，每條路對我來說都長得一樣，人類都聽不懂我在講什麼！」

春花媽形容自己的路癡程度，好讓他安心。

阿福：「那你真的蠻笨的，還是你眼睛不好啊？」

春花媽：「我眼睛也沒多好，而且我晚上什麼都看不見。」

阿福：「那你很容易死掉。」接著又問：「你家還有誰？你有小孩嗎？」

春花媽：「我家沒有跟我長得一樣的小孩，只有我一個人。」

阿福：「那你完蛋了，你就要死掉了。」他斬釘截鐵的重複說道。

春花媽：「欸……對啦，我總有一天會死，但我希望你們的家族很龐大，可以繼續在這邊好好生活。」

阿福：「你好可憐，你要死了，那你看我久一點好了。」

春花媽：「啊？什麼意思？」

阿福：「因為你剛說，我們是你們的福氣啊，那你看久一點吧！」他這麼說著，還特地轉了個身，讓春花媽看個夠。

春花媽：「謝謝你～那最後，你有什麼話想對人類說嗎？」

阿福：「掰掰，不要來！然後你啊，你就好好活著再死掉，我已經給你福氣了。」

春花媽就在邊苦笑邊道謝中結束了這次訪問。

延伸閱讀

1. 臉書：有愛大聲講（動植物溝通｜藥輪）常態更新的「野動大聲講」。
2. 《野生動物大聲講》動物溝通師春花媽帶你認識全球 50 種瀕危野生動物，聆聽動物第一手真實心聲
   這是春花媽心願之書，每一篇都是和一個動物的對談，希望人人都可以重視跟我們一起生活在世界上的野生動物～
3 《和你的世界聊一聊》成為動物與人的橋樑！春花媽的動物溝通之路 1
   春花媽跟野生動物對談的漫畫，小朋友也可以看唷～

請你們不要喜歡我

🎤 受訪動物 ── 姓名：媽媽叫我阿福／性別：為什麼要跟你講／年齡：青少年

我們真的很喜歡你！

不要。

這裡食物還充足嗎？

幹嘛？你要來搶阿？

想對人類說什麼？

掰掰，不要來！

📁 **動物小檔案**　琉球狐蝠（台灣亞種）　　　　瀕危指數：易危（VU）

別名：台灣狐蝠、台灣大蝙蝠
英文名：Formosan flying fox 、Formosan fruit bat
學名：*Pteropus dasymallus formosus*
分布區域：目前台灣亞種主要以龜山島棲息的族群為主，綠島的族群目前數量不超過 20 隻，而花蓮市區則有少數的穩定族群，全台總數約 200 隻左右。
主食：果實。
體型：體長約 20 公分，翼展可達 1 公尺，重約 600～800 公克。

Appendix IV
春花媽的實體與線上課程

春花媽每年都會開設動物溝通的實體課程,基本上是根據季節開班,具體的訊息都放在臉書:有愛大聲講(動植物溝通｜藥輪)中的置頂文,或是粉絲頁相簿「課程訊息」。

比較特別的是,春花媽的溝通課不是報名就會上,都是經過春花哥跟每一班的動物老師的遴選。動物會讓我們在最好的時間相遇的,如果願意跟春花媽一起啟程,祝福我們在教室裡看見彼此的笑顏。

另外,在遍路文化也有上架《春花媽的動物溝通課》,讀者若想體驗春花媽親聲的冥想導引,或者想藉由豐富的視覺介面來學習與練習動溝,也推薦大家讀完本書之後,購買線上課程進行全方位的學習。

延伸資訊

《有愛大聲講》
(動植物溝通｜藥輪)

想要多認識春花媽的日常:
《那些貓跟老甜才會教我的事情》

線上課程:
《春花媽的動物溝通課 1、2》

春花媽動物溝通全書

從「心」啟動，找回與動物對話的原始本能

作者	春花媽
封面繪者	Inès H.
內頁及圖卡插畫	Zooey Cho（卓肉以）
選書	譚華齡

編輯團隊
封面設計	楊健鑫
內頁設計	劉雅文
特約編輯	陳威瑨
責任編輯	劉淑蘭
總編輯	陳慶祐

行銷團隊
行銷企劃	蕭浩仰・江紫涓
行銷統籌	駱漢琦
營運顧問	郭其彬
業務發行	邱紹溢

出版	一葦文思／漫遊者文化事業股份有限公司
地址	台北市大同區重慶北路二段88號2樓之6
電話	(02) 2715-2022
傳真	(02) 2715-2021
服務信箱	service@azothbooks.com
漫遊者書店	http://www.azothbooks.com
漫遊者臉書	http://www.facebook.com/azothbooks.read
一葦臉書	www.facebook.com/GateBooks.TW
發行	大雁出版基地
地址	新北市新店區北新路三段207-3號5樓
電話	(02) 8913-1005
訂單傳真	(02) 8913-1056

初版三刷(1)	2025年2月
定價	台幣600元
ISBN	978-626-98922-1-1

書是方舟，度向彼岸
www.facebook.com/GateBooks.TW
一葦文思
GATE BOOKS

f 一葦文思

漫遊，一種新的路上觀察學
www.azothbooks.com
azoth books
漫遊者

f 漫遊者文化

大人的素養課，通往自由學習之路
www.ontheroad.today
on the road

f 遍路文化・線上課程

本書插圖繪者：

封面、封底：Inès H.
P007,012,028-029,114-115,118,126,132,
147,149,155,160-161（黑白及彩色版）：
Zooey Cho
P051 上：VectorMine／Shutterstock
P051 下 ,055：BlueRingMedia／Shutterstock
P059：LiiaLonnArt／Shutterstock
P222：Jozy
工具包動物曼陀羅圖卡：Zooey Cho

春花媽動物溝通全書：從「心」啟動,找
回與動物對話的原始本能/春花媽著. --
初版. -- 臺北市：一葦文思, 漫遊者文化
事業股份有限公司出版：大雁出版基地
發行, 2024.09
224　面；17X23公分
ISBN 978-626-98922-1-1(平裝)
1.CST: 動物心理學
383.7　　　　　　　　　　113011589